Wissenschaftliche Taschenbücher WTB

Mathematik · Physik

Analyse stochastischer Systeme

Teil 1

WTB Wissenschaftliche Taschenbücher

GÜNTHER WAGNER / HANS KÜHMSTEDT
Pharmazeutische Chemie

ROLF SCHÖLLNER
Die Oxydation organischer Verbindungen mit Sauerstoff

ULRICH BEHRENS / MANFRED RINGPFEIL
Mikrobielle Polysaccharide

MARTIN FINKE / WALTER LEIPNITZ
Moderne Methoden der Erdölanalyse

ERICH GUNDERMANN
Chemie und Technologie des Braunkohlenteers

GERHARD KEMPTER
Struktur und Synthese von Vitaminen

FRIEDRICH JACOB
Bewegungsphysiologie der Pflanzen

HELLMUTH GÄBLER
Forstschutz

ALFRED PALISSA
Bodenzoologie in Wissenschaft, Naturhaushalt und Wirtschaft

LUDWIG SPANNHOF
Zellen und Gewebe der Tiere

JOACHIM RIEMER
Quantitative organische Mikroanalyse

ALFRED FRIESER
Mikrowellenmeßtechnik

HANS-WERNER NOLTE
Pflanzenschutz in der Landwirtschaft

WERNER HABERDITZL
Magnetochemie

HARRY PAUL
Lasertheorie, Teil I und II

D. TER HAAR
Quantentheorie

J. H. SANDERS
Die Lichtgeschwindigkeit

JEAN KUNTZMANN
Unendliche Reihen

JEAN KUNTZMANN
Systeme von Differentialgleichungen

JEAN KUNTZMANN
Komplexe Veränderliche

FERDINAND CAP
Einführung in die Plasmaphysik
I. Theoretische Grundlagen

FERDINAND CAP
Einführung in die Plasmaphysik
II. Wellen und Instabilitäten

FERDINAND CAP
Einführung in die Plasmaphysik
III. Magnetohydrodynamik

J. A. ROSANOW
Wahrscheinlichkeitstheorie

HARRY PFEIFER
Theorie linearer Bauelemente
Elektronik für den Physiker I

HARRY PFEIFER
Die Elektronenröhre
Elektronik für den Physiker II

HARRY PFEIFER
Schaltungen mit Elektronenröhren
Elektronik für den Physiker III

HARRY PFEIFER
Leitungen und Antennen
Elektronik für den Physiker IV

HARRY PFEIFER
Mikrowellenelektronik
Elektronik für den Physiker V

HARRY PFEIFER
Halbleiterelektronik
Elektronik für den Physiker VI

STEPHEN G. BRUSH
Kinetische Theorie,
Teil I und II

EBERHARD HOFMANN
Eiweiße und Nucleinsäuren als biologische Makromoleküle
Dynamische Biochemie, Teil I

EBERHARD HOFMANN
Enzyme und energieliefernde Stoffwechselreaktionen
Dynamische Biochemie, Teil II

EBERHARD HOFMANN
Intermediärstoffwechsel
Dynamische Biochemie, Teil III

EBERHARD HOFMANN
Grundlagen der Molekularbiologie und Regulation des Zellstoffwechsels
Dynamische Biochemie, Teil IV

HERBERT GOERING
Elementare Methoden zur Lösung von Differentialgleichungsproblemen

PETER KRUMBIEGEL
Isotopieeffekte

D. M. BRINK
Kernkräfte

DIETER ONKEN
Steroide

DIETER KLAUA
Elementare Axiome der Mengenlehre
Einführung in die Allgemeine Mengenlehre I

GÜNTER TEMBROCK
Grundlagen der Tierpsychologie

J. P. VINSON
Optische Kohärenz in der klassischen Theorie und in der Quantentheorie

W. R. HINDMARSH
Atomspektren

GÜNTER TEMBROCK
Biokommunikation
Informationsübertragung im biologischen Bereich
Teil I und II

DIETER MERKEL
Riechstoffe

JOHN CUNNINGHAM
Vektoren

ERNST SCHMUTZER
Symmetrien und Erhaltungssätze der Physik

GERHARD LERCH
Pflanzenökologie

MICHAEL GÖSSEL
Angewandte Automatentheorie, Band I

MICHAEL GÖSSEL
Angewandte Automatentheorie, Band II

HEINRICH KINDLER
Der Regelkreis

A. R. KESSEL
Akustische Kernresonanz

WOLFRAM BRAUER / HANS-WALDEMAR STREITWOLF
Theoretische Grundlagen der Halbleiterphysik

HARRY PAUL
Nichtlineare Optik, Teil I und II

DIETER KLAUA
Grundbegriffe der axiomatischen Mengenlehre
Teil 1 und 2
Einführung in die Allgemeine Mengenlehre II

E. G. GOLSTEIN
Konvexe Optimierung

EBERHARD TEUSCHER
Pharmakognosie, Teil I und II

SIEGFRIED HAUPTMANN
Über den Ablauf organisch-chemischer Reaktionen

A. S. SONIN / B. A. STRUKOW
Ferroelektrizität

L. A. SKORNJAKOW
Elemente der Verbandstheorie

HANS-MARTIN BARCHET
Chemie photographischer Prozesse

R. A. R. TRICKER
Frühe Elektrodynamik

N. D. SHEWANDROW
Polarisation des Lichtes

A. A. SMIRNOW
Metallphysik

VOLKER KEMPE
Theorie stochastischer Systeme

ROLF BORSDORF / MANFRED SCHOLZ
Spektroskopische Methoden in der organischen Chemie

KLAUS ODENING
Parasitismus

WOLFGANG PAULI
Vierpoltheorie und ihre Anwendung auf elektronische Schaltungen

DIETER KLAUA
Kardinal- und Ordinalzahlen, Teil 1 und 2
Einführung in die Allgemeine Mengenlehre III

R. A. R. TRICKER
Die Beiträge von Faraday und Maxwell zur Elektrodynamik

HANS DAWCZYNSKI
Temperaturbeständige Faserstoffe aus organischen Polymeren

HANS DAWCZYNSKI
Temperaturbeständige Faserstoffe aus anorganischen Polymeren

HELMUT FRIEMEL / JOSEF BROCK
Grundlagen der Immunologie

GERALD WOLF
Neurobiologie

HORST KEHLEN / FRANK KUSCHEL / HORST SACKMANN
Grundlagen der chemischen Kinetik

HANS BERGNER
Tierernährung

ULRICH SEDLAG
Biologische Schädlingsbekämpfung

MARTIN SCHMIDT
Pflanzenschutz im Gartenbau

WOLFGANG WAGNER
Chemische Thermodynamik

HANNELORE FISCHER / JOACHIM PIEHLER
Modellsysteme der Operationsforschung

ALBERT EINSTEIN
Grundzüge der Relativitätstheorie

ALBERT EINSTEIN
Über die spezielle und die allgemeine Relativitätstheorie

MICHAEL GÖSSEL
Wahrscheinlichkeitsautomaten und Zufallsfolgen

HANS-JÜRGEN TREDER
Elementare Kosmologie

PETER PAUFLER / DIETER LEUSCHNER
Kristallographische Grundbegriffe der Festkörperphysik

PAUL HOFFMANN
Photosynthese

WOLFGANG MEILING
Kernphysikalische Elektronik

WERNER DÖPKE
Stereochemie organischer Verbindungen

SIEGFRIED BREHMER
Einführung in die Maßtheorie

ULRICH RÖSEBERG
Determinismus und Physik

I. S. SHELUDEW
Elektrische Kristalle

DIETRICH BENDER / ERNST-EGON PIPPIG
Einheiten — Maßsysteme — SI

VOLKER KEMPE
Analyse stochastischer Systeme, Teil 1

Vorschau auf die nächsten Bände:

HARRY PFEIFFER
Schaltungen mit Transistoren
Elektronik für den Physiker VII

WOLFGANG SCHÄFER
Theoretische Grundlagen der Stabilität technischer Systeme

REGINE WITKOWSKI / FALKO H. HERRMANN
Einführung in die klinische Genetik

WTB

BAND 137

Volker Kempe

Analyse stochastischer Systeme

Teil 1

Mit 17 Abbildungen und 1 Tabelle

AKADEMIE-VERLAG · BERLIN

Reihe MATHEMATIK UND PHYSIK

Verfasser:

Dr.-Ing. V. Kempe

Institut für Elektronik
der Akademie der Wissenschaften der DDR

1976

Lizenznummer: 202 · 100/414/76
Herstellung: VEB Druckhaus „Maxim Gorki“, 74 Altenburg
Bestellnummer: 761 842 2 (7137) · LSV 1074
Printed in GDR
EVP 8,–

Inhaltsverzeichnis

Einleitung

Vorliegender Band stellt den zweiten Teil einer Serie dar, die der Analyse und Synthese stochastischer Systeme gewidmet ist. Der erste Titel „Theorie stochastischer Systeme“ mit dem Untertitel „Wahrscheinlichkeitstheoretische Grundlagen der Analyse und Synthese“ ([12]) vermittelte die notwendigen Grundlagen für den Umgang mit stochastischen Systemen, während dieser Band Methoden der Analyse von Systemen umfassen sollte, deren Zustandsgrößen bedingt durch den Zufallscharakter der einwirkenden Signale ebenfalls Zufallsfunktionen darstellen. Beim Abfassen des Manuskriptes stellte sich jedoch heraus, daß der geplante Umfang eines einzelnen Bandes nicht ausreicht, die vielfältigen Methoden zur Analyse stochastischer Systeme vorzustellen. Deshalb wurde eine Trennung in zwei Teile vorgenommen: Der erste Teil ist linearen und trägheitslosen nichtlinearen Systemen gewidmet, während der zweite Teil Methoden zur Analyse nichtlinearer dynamischer Systeme beinhalten soll, wobei insbesondere die Anwendung der Theorie der Markow-Prozesse im Vordergrund steht.

Der vorliegende erste Teil umfaßt eine kurze Darstellung dynamischer Systeme und einiger typischer Untersuchungsmethoden, die z. T. erst im zweiten Teil weiter benötigt werden. Im zweiten Kapitel wird näher auf lineare stochastische Systeme eingegangen, wobei insbesondere der Fall nichtgaußscher Eingangssignale im Vordergrund steht. Das dritte Kapitel ist nichtlinearen trägheitslosen Systemen gewidmet, für deren Analyse in der Regel schon Näherungsverfahren herangezogen werden müssen. Dementsprechend wird besonderer Wert auf die dem Zufallscharakter angemessene exakte und approximative Darstellung der nichtlinearen Kennlinien gelegt.

Wie auch der frühere Band des Autors wendet sich der vorliegende Teil dieses Buches vorwiegend an einen technisch interessierten Leserkreis, für den praktisch handhabbare Methoden im Vordergrund stehen. Der Autor war bemüht, die Darlegungen so einfach wie möglich zu halten, um dem Leser eine Verfolgung der Ableitungen ohne obligatorischen Zettel und Bleistift zu ermöglichen.

Die Literaturangaben betreffen vorwiegend die verwendeten Arbeiten und sind demzufolge keinesfalls als repräsentativer Querschnitt der enormen Vielfalt von Artikeln und Monographien auf dem Gebiet der Analyse stochastischer Systeme zu betrachten, die ja in der überwiegenden Mehrheit der Analyse spezieller Systeme gewidmet sind. Es war nicht das Ziel dieses Bandes, Ergebnisse darzulegen, sondern Methoden vorzustellen, die den Leser in die Lage versetzen, selbständig Analysenaufgaben zu lösen.

1. Definition und Beschreibung stochastischer Systeme

1.1. Definition stochastischer Systeme

Da das Verhalten jedes realen Objektes infolge der Mikrostruktur und der unendlichen Vielfalt der Wechselwirkungen des Objektes mit der Umwelt durch eine unendliche Anzahl von Einflußfaktoren bestimmt wird, muß jedes reale Objekt strenggenommen als stochastisches System betrachtet werden. Eine Trennung in stochastische und determinierte Systeme hat nur pragmatischen Charakter, wenn wir den Begriff „System" als Synonym für das reale Objekt benutzen.

Tatsächlich geht es bei der Untersuchung beliebiger physikalischer, technischer oder anderer Objekte nicht darum, alle Eigenschaften, Wechselwirkungen und Zustandsgrößen auf einmal zu erfassen, sondern um die aus der praktischen Aufgabenstellung im weitesten Sinne geborenen Notwendigkeit, *bestimmte* Eigenschaften, Wechselwirkungen etc. kennenzulernen und zu beeinflussen. Die geschaffenen Modelle als geistige oder auch materielle Abbilder realer Objekte spiegeln deshalb nur bestimmte *wesentliche* Eigenschaften wider und sind auf die jeweilige Aufgabenstellung „zugeschnitten". Über die Qualität eines Modells entscheidet in letzter Konsequenz die Praxis, also die zielgerichtete Tätigkeit des Menschen zur Beherrschung der Natur. Natürlich ist ein Modell um so leistungsfähiger, je umfassender es die wirklichen Verhaltensweisen des Objektes widerspiegelt, aber für viele praktische Aufgabenstellungen steht der oftmals unvergleichlich höhere Aufwand zur weiteren Behandlung des vollkommeneren Modells in keinem Verhältnis zur Bedeutung der zusätzlich gewonnenen, mitunter für die konkrete Aufgabenstellung gar nicht interessierenden Aussagen.

Besondere Bedeutung gewinnt das Problem des adäquaten Modells in den technischen Wissenschaften, wo man es meist mit komplizierten Objekten zu tun hat, deren Eigenschaften nur im Hinblick auf den konkreten Anwendungszweck interessieren. Das Modell eines elektrischen Filters aus passiven konzentrierten Schaltelementen ist z. B. ein lineares Netzwerk mit konzentrierten Elementen, das auf der Grundlage der OHMschen und KIRCHHOFFschen Gesetze analysiert und synthetisiert werden kann. Da die elektrodynamischen Ausbreitungserscheinungen in der Regel uninteressant und vernachlässigbar sind, besteht normalerweise keine Notwendigkeit zur Vervollkommnung des Modells. Allerdings können sich die Wellenausbreitungserscheinungen im Falle hoher Packungsdichten und hoher Frequenzen sehr unangenehm in Form von Störspannungen bemerkbar machen. Die grobe Berücksichtigung der elektrodynamischen Strahlungseigenschaften der Bauelemente und Verbindungsleitungen durch Einbeziehung der parasitären Kapazitäten und Induktivitäten läßt das Modell des Filters zwar wesentlich komplizierter werden, ermöglicht dafür aber auch die zumindest qualitative Erfassung der induzierten Störströme und Störspannungen. Behandelt man das elektrische Filter als elektrodynamisches Gebilde mit Hilfe der MAXWELLschen Gleichungen, so hat man zweifelsohne das vollkommenste Modell bezüglich der wechselseitig zwischen den Bauelementen induzierten Störgrößen. Der Nachteil eines derartigen Modells besteht lediglich darin, daß durch die komplizierte geometrische Form der Bauelemente und ihrer Anordnung selbst unter vereinfachenden Annahmen über Leitfähigkeit etc. der verwendeten Materialien eine mathematische Behandlung dieses Modells praktisch unmöglich ist. Für genügend niedrige Frequenzen wird man ein passives Filter deshalb konstruktiv immer so gestalten, daß die Störspannungen vernachlässigbar klein werden, z. B. durch Abschirmung einzelner Bauelemente, und ggf. die Reststörungen mit Hilfe parasitärer Kapazitäten und Induktivitäten berücksichtigen.

Betreibt man das Filter bei sehr niedrigen Eingangsspannungen und genügend hohen Empfindlichkeiten der nachfolgenden Meß- oder Verarbeitungsapparatur, so führt die Mikrostruktur der Bauelemente über das thermische Rauschen der Verlustwiderstände des Filters zu Störeffekten, die im Rahmen des Modells eines determinierten linearen Netzwerkes nicht mehr erfaßt werden können. Bei sehr hohen Eingangsspannungen macht sich die Nichtlinearität der verwendeten Widerstände, Induktivitäten und Kapazitäten bemerkbar, die z. B. durch Änderung der Leitfähigkeit und Selbstinduktivität infolge Erwärmung und damit verbundener Material- und Formveränderung oder durch Betrieb der Kapazitäten in der Nähe der Durchbruchsspannungen hervorgerufen wird.

In Abhängigkeit vom konkreten Anwendungszweck und den Einsatzbedingungen eines technischen Systems können also die verschiedensten Modelle zur Untersuchung der jeweils dominierenden und interessierenden Eigenschaften herangezogen werden. Die Trennung von Systemen in stochastische und determinierte läßt sich demzufolge wie auch jede beliebige andere Klassifizierung z. B. nach Linearität, Abgeschlossenheit usw. nur dann aufrechterhalten, wenn das System nicht unabhängig von den interessierenden Eigenschaften betrachtet wird, nicht als Objekt an sich, sondern als Modell eines realen Objektes.

Im täglichen Sprachgebrauch wird der Begriff „System“ sowohl zur Bezeichnung des realen Objektes als auch zur Bezeichnung des abstrakten Modells benutzt. Um diesem Umstand Rechnung zu tragen, soll unter einem determinierten System ein reales Objekt verstanden werden, dessen interessierenden Eigenschaften durch ein determiniertes Modell widergespiegelt werden, ein Modell also, dessen Zustand mit Hilfe einer endlichen Anzahl determinierter Funktionen vollständig beschreibbar ist. Entsprechend sei ein stochastisches System ein derartiges reales Objekt, dessen interessierenden Eigenschaften durch ein stochastisches Modell widergespiegelt werden, wobei unter stochastischem Modell ein Modell zu verstehen ist, dessen Zustand mit Hilfe einer endlichen Anzahl stochastischer Funktionen charakterisiert werden kann.

Uns kam es darauf an, den Unterschied zwischen dem Begriff System als Synonym für das reale Objekt und als Synonym für das Modell besonders zu betonen, da ein und dasselbe Objekt (System) in Abhängigkeit von den jeweils interessierenden und wesentlichen Erscheinungen einmal als determiniertes, ein anderes Mal als stochastisches System betrachtet werden kann.

1.2. Die Analyseaufgabe

Bei der Analyse *determinierter* Systeme kommt es darauf an, den determinierten Zustand oder die Reaktion des Systems in Abhängigkeit von den determinierten Einflußfaktoren zu bestimmen. Im Unterschied dazu existieren in *stochastischen* Systemen Einflußfaktoren, deren Größe oder determiniertes Zeitverhalten vor jedem Versuch nicht vorausgesagt werden können. Demzufolge läßt sich der Zustand des Systems ebenfalls nicht exakt vorherbestimmen. Obwohl nach jedem Versuch die konkreten Realisierungen der einzelnen Einflußfaktoren und des Systemzustandes registriert werden können, bleibt vor dem nächsten Versuch, natürlich unter gleichen Versuchsbedingungen, die Ungewißheit bezüglich des Eintretens der konkreten Realisierungen nach wie vor bestehen und kann prinzipiell nicht beseitigt werden.

Die Aufgabe der Analyse stochastischer Systeme läßt sich wie folgt formulieren:

Gegeben sei ein System[1]), das der Einwirkung einer endlichen Anzahl innerer oder äußerer zufälliger Einflußfaktoren unterworfen ist, deren statistischen Charak-

---

[1]) Wir sagen, daß ein System gegeben sei, wenn der kausale Zusammenhang zwischen den Einflußfaktoren und den Zustandsgrößen sowie Ausgangsgrößen des Systems in mathematisch formulierter Form vorliegt.

teristika als bekannt vorausgesetzt werden. Zu bestimmen sind die statistischen Beschreibungsgrößen des Systemzustandes, im allgemeinsten Fall also die N-dimensionale Verbundwahrscheinlichkeit der interessierenden n stochastischen Zustandsgrößen des Systems zu den verschiedenen Zeitmomenten $t_1 < t_2 < \cdots < t_m$ $(N = n \cdot m)$. Daraus lassen sich alle einfacheren statistischen Charakteristika, wie z. B. das Zeitverhalten der Mittelwerte und Streuungen der interessierenden Zustandsgrößen, ihre Auto- und Kreuzkorrelationsfunktionen sowie Auto- und Kreuzkorrelationsfunktionen höherer Ordnung ableiten.

Häufig muß man sich auf Grund mathematischer Schwierigkeiten bei der Analyse von vornherein nur auf die wichtigsten statistischen Beschreibungsgrößen beschränken, die in vielen Fällen auch die für die Praxis bedeutungsvollsten Aussagen beinhalten. Mehr noch, häufig genügen einige statistische Beschreibungsgrößen vollständig, um die interessierenden Eigenschaften des Systems wiederzugeben, während das Streben nach umfassenderen Aussagen die Analyse nur erschweren würde, ohne zusätzliche relevante Ergebnisse zu liefern. Die Lösung der vollständigen Analyseaufgabe im Sinne des Auffindens der N-dimensionalen Verteilung der interessierenden n Zustandsgrößen beinhaltet zwar alle möglichen Aussagen, ist aber bei weitem nicht immer notwendig und zweckmäßig, um zum geforderten Ergebnis zu gelangen.

Die umrissene Analysenaufgabe bei Kenntnis des Systems und aller statistischer Beschreibungsgrößen der stochastischen Einflußfaktoren wird auch als Analyse bei vollständiger a-priori-Information bezeichnet.

1.3. Beschreibung von Systemen

Im weiteren werden wir uns auf spezielle dynamische Systeme beschränken. Der Zustand eines dynamischen Systems wird in jedem Moment durch eine *endliche* Anzahl reeller Variabler — die Zustandsgrößen — beschrieben, deren Zeitverhalten einem System gewöhnlicher Differentialgleichungen gehorche

$$\begin{aligned}\Psi_i(\tilde{z}_1, \tilde{z}_2, \ldots, \tilde{z}_r, \tilde{z}_1^{(1)}, \ldots, \tilde{z}_r^{(1)}, \ldots, \tilde{z}_1^{(l)}, \ldots, z_r^{(l)}, \\ x_1, \ldots, x_m, t) = 0, \qquad i = 1, \ldots, r. \qquad (1.1)\end{aligned}$$

Hier wurden die Bezeichnungen

$$\tilde{z}_i^{(K)} = \frac{\mathrm{d}^K \tilde{z}_i(t)}{\mathrm{d}t^K} \qquad (\dot{\tilde{z}} = \tilde{z}^{(1)})$$

verwendet. Die $\tilde{z}_i$ und ihre Ableitungen charakterisieren den Zustand des Systems, das von m Eingangsgrößen $x_1, \ldots, x_m$ beeinflußt werde. Bekanntlich ist das Differentialgleichungssystem (1.1) einem anderen Gleichungssystem äquivalent:

$$\begin{aligned}\tilde{\Psi}_i(z_1, \ldots, z_q, \dot{z}_1, \ldots, \dot{z}_q, x_1, \ldots, x_m, t) = 0, \\ i = 1, 2, \ldots, n, \qquad (1.2)\end{aligned}$$

wobei die neuen Zustandsvariablen z_i beispielsweise durch die Substitution

$$\begin{aligned}z_{r \cdot s+i} = \tilde{z}_i^{(s)} \quad \text{für} \quad s = 0, 1, \ldots, (l-1); \\ i = 1, 2, \ldots, r\end{aligned}$$

eingeführt werden können, wenn der Grad der höchsten Ableitung, mit der die z_i in (1.1) eingehen, für alle $\tilde{z}_i$ gleich ist. Die z_i $(i = 1, 2, \ldots, n)$ bilden einen vollständigen Satz von Zustandsgrößen. Unter Verwendung des vollständigen Zustandsvektors

$$\boldsymbol{z} = (z_1, \ldots, z_n)^T \qquad (1.3)$$

und des Eingangsvektors

$$\boldsymbol{x} = (x_1, x_2, \ldots, x_m)^T \qquad (1.4)$$

gilt[1])

$$\tilde{\Psi}_i(\boldsymbol{z}^T, \dot{\boldsymbol{z}}^T, \boldsymbol{x}^T, t) = 0, \quad i = 1, 2, \ldots, n.$$

[1]) Das Zeichen T bezeichnet die Transponierung eines Vektors oder einer Matrix.

Der vollständige Zustandsvektor läßt sich als Punkt im n-dimensionalen EUKLIDischen Raum — dem Zustandsraum — deuten. Die Koordinaten des Punktes $\boldsymbol{z}(t)$ werden durch die Vektorkomponenten $z_1(t), \ldots, z_n(t)$ gegeben. In Abhängigkeit vom Zeitparameter t beschreibt der Zustandsvektor im Phasenraum eine stetige Kurve — die Phasentrajektorie, die natürlich vom konkreten Zeitverhalten des Eingangsvektors $\boldsymbol{x}(t)$ abhängt. Der vollständige Zustandsvektor wird dadurch ausgezeichnet, daß der weitere Verlauf der Phasentrajektorie für $t > t_0$ bei gegebenem $\boldsymbol{x}(t)$ nur vom Zustand $\boldsymbol{z}(t_0)$ abhängt und nicht mehr von der weiteren Vergangenheit (bzw. den Ableitungen des Zustandsvektors wie im Falle des Systems (1.1)). Die Trajektorie für $t > t_0$ wird selbstverständlich durch die Wirkung des Eingangsvektors $\boldsymbol{x}(\tau)$ im Intervall $t_0 \leqq \tau < t$ maßgeblich beeinflußt.

Die Zahl n ist die Ordnung des Systems und von der speziellen Wahl des vollständigen Zustandsvektors unabhängig.

Zur weiteren Behandlung von (1.2) soll im weiteren vorausgesetzt werden, daß das Differentialgleichungssystem (1.2) bezüglich der $\dot{z}_i$ eindeutig lösbar sei (dazu ist es offensichtlich hinreichend, wenn (1.1) bezüglich der jeweils höchsten auftretenden Ableitung von $\tilde{z}_i$ eindeutig lösbar ist). An Stelle von (1.2) können wir also schreiben

$$\dot{z}_i = f_i(z_1, \ldots z_n, x_1, \ldots x_m, t), \quad i = 1, 2, \ldots, n, \tag{1.5}$$

oder mit $\boldsymbol{f} = (f_1, \ldots, f_n)^T$ sowie (1.3) und (1.4)

$$\dot{\boldsymbol{z}} = \boldsymbol{f}(\boldsymbol{z}^T, \boldsymbol{x}^T, t). \tag{1.6}$$

Die interessierenden Ausgangsgrößen y_j ($j = 1, 2, \ldots, q$) müssen nicht unbedingt mit den Komponenten des vollständigen Zustandsvektors identisch sein. Ohne wesentliche Einschränkung der Allgemeinheit darf angenommen werden, daß der Ausgangsvektor

$$\boldsymbol{y} = (y_1, \ldots, y_q)^T \tag{1.7}$$

durch eine Vektorgleichung der Art

$$\boldsymbol{y} = \boldsymbol{g}(\boldsymbol{z}^T, \boldsymbol{x}^T, t) \tag{1.8}$$

mit dem Zustandsvektor $\boldsymbol{z}$ verkoppelt ist (der Ausgangsvektor kann u. a. auch einige oder alle Komponenten des Eingangsvektors beinhalten). Das Gleichungssystem (1.6), (1.8) beschreibt den Zusammenhang zwischen dem Eingangsvektor $\boldsymbol{x}$ und dem Ausgangsvektor $\boldsymbol{y}$. Schematisch ist dieser Zusammenhang in Abb. 1 dargestellt. Der

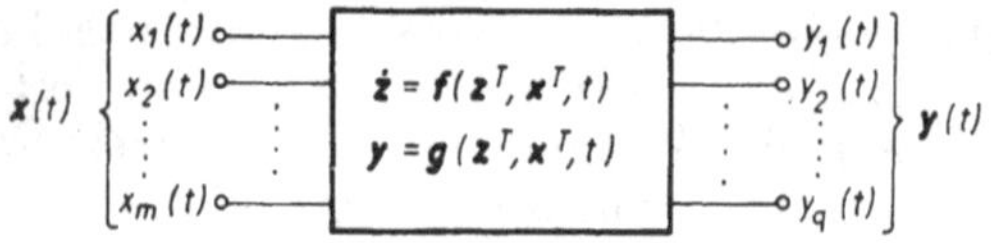

Abb. 1. Darstellung eines dynamischen Systems

Zustandsvektor $\boldsymbol{z}$ spielt nur die Rolle einer der mathematischen Handarbeit und physikalischen Anschaulichkeit zuliebe eingeführten Hilfsgröße. In elektrischen Netzwerken mit konzentrierten Schaltelementen lassen sich die Zustandsgrößen als real auftretende Spannungen und Ströme an den unabhängigen Kondensatoren bzw. durch unabhängige Spulen und Widerstände einführen.

Gelingt es, aus (1.8) mit Hilfe von (1.6) den Zustandsvektor zu eliminieren, so haben wir die explizite Beziehung zwischen Eingang und Ausgang hergestellt. Gewöhnlich ist der Eliminierungsprozeß mit der Lösung von (1.6) verbunden und damit der Schritt, der die meisten Schwierigkeiten bereitet.

Für stochastische Systeme ist mindestens eine der Komponenten des Eingangsvektors $\boldsymbol{x}$ eine Zufallsfunktion. Dabei wird vorausgesetzt, daß alle systemeigenen Parameter determinierte Funktionen darstellen ($\boldsymbol{f}$ und $\boldsymbol{g}$ sind also bei fixiertem $\boldsymbol{x}$ determinierte Vektoren). Sollte das System innere Rauschquellen besitzen, so sollen diese mit in den Eingangsvektor einbezogen werden.

An dieser Stelle ist eine Bemerkung zu den Anfangsbedingungen notwendig: Wenn zum Zeitpunkt t_0 der Zustand des Systems determiniert ist, so wird bei determiniertem Eingangsvektor auch der Ausgangsvektor durch determinierte Komponenten gegeben. Sind die Anfangswerte $z_i(t_0)$ jedoch Zufallsgrößen, so läßt sich der weitere Systemzustand nur mit Hilfe stochastischer Funktionen beschreiben, unabhängig davon, ob $\boldsymbol{x}(t)$ ein determinierter oder stochastischer Vektor ist. Wir haben es in diesem Falle also mit einem stochastischen System im Sinne der obigen Definition zu tun. Der Begriff der Einflußfaktoren muß also nicht nur den Eingangsvektor, sondern gleichfalls den Charakter der Anfangsbedingungen mit einschließen.

Abschließend sei noch auf die für unsere Zwecke mehr formale Beschreibung dynamischer Systeme mit Hilfe von Operatoren kurz eingegangen. Durch die Gleichungen (1.6) und (1.8) wird jedem Eingangsvektor $\boldsymbol{x}(t)$ ein Ausgangsvektor $\boldsymbol{y}(t)$ zugeordnet

$$\boldsymbol{y}(t) = \boldsymbol{F}\big(\boldsymbol{x}(\tau)\big)$$

oder ausführlicher

$$\boldsymbol{y}(t) = \boldsymbol{F}\big(\boldsymbol{x}(\tau), t\big). \tag{1.9}$$

$\boldsymbol{F}$ ist der Operator des dynamischen Systems. $\boldsymbol{F}$ sei reell, d. h., jedem reellen $\boldsymbol{x}(\tau)$ werde ein reeller Vektor $\boldsymbol{y}(t)$ zugeordnet. Der Operator ist für eine Menge von Eingangsvektorfunktionen definiert, die als zulässig bezeichnet werden. Für den vollständigen Zustandsvektor gilt

$$\boldsymbol{z}(t) = \boldsymbol{H}\big(\boldsymbol{x}(\tau), t\big), \tag{1.10}$$

so daß nach (1.8)

$$\boldsymbol{F}\big(\boldsymbol{x}(\tau), t\big) = \boldsymbol{g}\big[\boldsymbol{H}^T\big(\boldsymbol{x}(\tau), t\big), \boldsymbol{x}^T(t), t\big]. \tag{1.11}$$

1.4. Lineare Systeme

Die Anwendbarkeit des Superpositionsprinzips erleichtert die Behandlung linearer Systeme ganz außerordentlich. Der Operator eines linearen Systems ist linear, d. h.,

$$\boldsymbol{F}\left[\sum_{s=1}^{N} \alpha_s \boldsymbol{x}_s(\tau), t\right] = \sum_{s=1}^{N} \alpha_s \boldsymbol{F}[\boldsymbol{x}_s(\tau), t]. \tag{1.12}$$

Die Systemgleichungen (1.6) und (1.8) erhalten für lineare Systeme die Form

$$\begin{aligned} \dot{\boldsymbol{z}} &= \boldsymbol{A}(t) \cdot \boldsymbol{z} + \boldsymbol{B}(t) \cdot \boldsymbol{x}, \\ \boldsymbol{y} &= \boldsymbol{C}(t) \cdot \boldsymbol{z} + \boldsymbol{D}(t) \cdot \boldsymbol{x}. \end{aligned} \tag{1.13}$$

Die Dimension der Vektoren $\boldsymbol{x}$, $\boldsymbol{y}$ und $\boldsymbol{z}$ sei wie oben entsprechend m, q und n. Die Matrix $\boldsymbol{A}$ ist eine quadratische $n \times n$ Matrix mit im allgemeinen Fall zeitabhängigen Koeffizienten, $\boldsymbol{B} = \{b_{k,l}(t)\}_{n,m}$, $\boldsymbol{C} = \{c_{k,l}(t)\}_{q,n}$ und $\boldsymbol{D} = \{d_{k,l}(t)\}_{n,m}$ (eine Matrix $\{a_{k,l}\}_{a,b}$ hat a Zeilen und b Spalten).

Die zu (1.13) homogene Gleichung

$$\dot{\boldsymbol{z}} = \boldsymbol{A}(t) \cdot \boldsymbol{z} \tag{1.15}$$

besitzt bekanntlich n unabhängige Lösungen $\boldsymbol{z}^{(1)}, \ldots, \boldsymbol{z}^{(n)}$ (der hochgestellte Index werde nicht mit der Kennzeichnung für die entsprechende Ableitung verwechselt).

Die Matrix der unabhängigen Lösungen $\boldsymbol{Z}(t)$

$$\boldsymbol{Z}(t) = \begin{vmatrix} z_1^{(1)}(t) \ldots z_1^{(n)}(t) \\ z_2^{(1)}(t) \ldots z_2^{(n)}(t) \\ \vdots \\ z_n^{(1)}(t) \ldots z_n^{(n)}(t) \end{vmatrix} \tag{1.16}$$

wird zweckmäßigerweise normiert, indem man die Übergangsmatrix (oder normierte Fundamentalmatrix bzw. Cauchysche Matrix) $\boldsymbol{\Phi}(t, t_0)$ bildet

$$\boldsymbol{\Phi}(t, t_0) = \boldsymbol{Z}(t) \cdot \boldsymbol{Z}^{-1}(t_0). \tag{1.17}$$

Durch Substitution kann man leicht sehen, daß mit $\boldsymbol{Z}(t)$ auch $\boldsymbol{\Phi}(t, t_0)$ eine Lösungsmatrix von (1.15) ist.

Da nach (1.17) ($\boldsymbol{E}$ ist die Einheitsmatrix)

$$\boldsymbol{\Phi}(t_0, t_0) = \boldsymbol{E}, \tag{1.18}$$

wird die Lösung des homogenen Gleichungssystems (1.15) mit den Anfangsbedingungen

$$\boldsymbol{z}(t)|_{t=t_0} = \boldsymbol{z}_0 \tag{1.19}$$

gegeben durch

$$\boldsymbol{z}(t) = \boldsymbol{\Phi}(t, t_0) \cdot \boldsymbol{z}_0. \tag{1.20}$$

Mit Hilfe der Übergangsmatrix kann die Lösung der inhomogenen Gleichung (1.13) errechnet werden, indem man setzt

$$\boldsymbol{z}(t) = \boldsymbol{\Phi}(t, t_0) \cdot \alpha(t).$$

Mit diesem Ansatz liefert (1.13) die Bestimmungsgleichung für den unbekannten Vektor $\alpha(t)$

$$\boldsymbol{\Phi}(t, t_0) \cdot \frac{\mathrm{d}\alpha(t)}{\mathrm{d}t} = \boldsymbol{B}(t) \cdot \boldsymbol{x}(t)$$

oder

$$\alpha(t) = \int\limits_{t_0}^{t} \boldsymbol{\Phi}^{-1}(\tau, t_0) \cdot \boldsymbol{B}(\tau) \cdot \boldsymbol{x}(\tau) \cdot \mathrm{d}\tau$$

mit $\boldsymbol{\Phi}^{-1}$ — der zu $\boldsymbol{\Phi}$ inversen Matrix ($\boldsymbol{\Phi}^{-1} \cdot \boldsymbol{\Phi} = \boldsymbol{E}$). Die vollständige Lösung von (1.13) setzt sich aus der Lösung der homogenen und der partikulären Lösung der inhomogenen Gleichung zusammen

$$\boldsymbol{z}(t) = \boldsymbol{\Phi}(t, t_0) \cdot \boldsymbol{z}_0 + \boldsymbol{\Phi}(t, t_0) \cdot \int\limits_{t_0}^{t} \boldsymbol{\Phi}^{-1}(\tau, t_0) \cdot \boldsymbol{B}(\tau) \cdot \boldsymbol{x}(\tau) \cdot \mathrm{d}\tau. \tag{1.21}$$

Die inverse Matrix braucht nicht mühsam errechnet zu werden, da

$$\boldsymbol{\Phi}^{-1}(\tau, t_0) = \boldsymbol{\Phi}(t_0, \tau). \tag{1.22}$$

In der Tat, aus

$$\boldsymbol{z}_0 = \boldsymbol{\Phi}^{-1}(t, t_0) \cdot \boldsymbol{z}(t) = \boldsymbol{\Phi}(t_0, t) \cdot \boldsymbol{z}(t)$$

folgt sofort die gesuchte Beziehung.
Weiterhin ist

$$\boldsymbol{\Phi}(t, t_0) \cdot \boldsymbol{\Phi}^{-1}(\tau, t_0) = \boldsymbol{\Phi}(t, t_0) \cdot \boldsymbol{\Phi}(t_0, \tau) = \boldsymbol{\Phi}(t, \tau), \tag{1.23}$$

da aus $\boldsymbol{z}(t) = \boldsymbol{\Phi}(t, t_0) \cdot \boldsymbol{z}_0$ und $\boldsymbol{z}(t) = \boldsymbol{\Phi}(t, \tau) \cdot \boldsymbol{z}(\tau)$ sowie $\boldsymbol{z}(\tau) = \boldsymbol{\Phi}(\tau, t_0) \cdot \boldsymbol{z}_0$ folgt

$$\boldsymbol{z}(t) = \boldsymbol{\Phi}(t, \tau) \cdot \boldsymbol{\Phi}(\tau, t_0) \cdot \boldsymbol{z}_0 = \boldsymbol{\Phi}(t, t_0) \cdot \boldsymbol{z}_0$$

bzw. infolge der völlig freien Wahl von $\boldsymbol{z}_0$

$$\boldsymbol{\Phi}(t, \tau) \cdot \boldsymbol{\Phi}(\tau, t_0) = \boldsymbol{\Phi}(t, t_0). \tag{1.24}$$

Nach Vertauschung von t_0 und τ erhält man die gesuchte Beziehung (1.23).
Der Ausgangsvektor $\boldsymbol{y}(t)$ ist nach (1.14) und (1.21)

$$\boldsymbol{y}(t) = \boldsymbol{C}(t) \cdot \boldsymbol{\Phi}(t, t_0) \cdot \boldsymbol{z}_0 + \boldsymbol{C}(t) \cdot \boldsymbol{\Phi}(t, t_0) \times \int_{t_0}^{t} \boldsymbol{\Phi}^{-1}(\tau, t_0) \cdot \boldsymbol{B}(\tau) \cdot \boldsymbol{x}(\tau) \cdot \mathrm{d}\tau + \boldsymbol{D}(t) \cdot \boldsymbol{x}(t)$$

bzw. mit (1.23)

$$\boldsymbol{y}(t) = \boldsymbol{C}(t) \cdot \boldsymbol{\Phi}(t, t_0) \cdot \boldsymbol{z}_0 + \int_{t_0}^{t} [\boldsymbol{C}(t) \cdot \boldsymbol{\Phi}(t, \tau) \times \boldsymbol{B}(\tau) + \delta(t - \tau) \cdot \boldsymbol{D}(\tau)] \cdot \boldsymbol{x}(\tau) \cdot \mathrm{d}\tau, \tag{1.25}$$

wobei die obere Integrationsgrenze den Punkt t einschließt (eigentlich müßte die obere Integrationsgrenze durch $\lim\limits_{\varepsilon \to 0} (t + \varepsilon) = t_+$ ersetzt werden; wir wollen aber im weiteren immer voraussetzen, daß die obere Integrationsgrenze mit in den Integrationsbereich eingeschlossen wird und uns die besondere Kennzeichnung dieses Umstandes ersparen).

Andererseits kann aber bekanntlich die Reaktion $\boldsymbol{y}(t)$ eines linearen Systems auf die Einwirkung des Eingangsvektors $\boldsymbol{x}(t)$ mit Hilfe der Matrix der Impulsübertragungsfunktionen $\boldsymbol{G}(t, \tau)$ beschrieben werden, wenn das System zum Zeitpunkt $t = -\infty$ in Ruhe war $\left(\boldsymbol{z}(t)/_{t=-\infty} = 0\right)$

$$\boldsymbol{y}(t) = \int\limits_{-\infty}^{\infty} \boldsymbol{G}(t, \tau) \cdot \boldsymbol{x}(\tau) \cdot \mathrm{d}\tau\,, \tag{1.26}$$

wobei

$$\boldsymbol{G}(t, \tau) = 0 \quad \text{für} \quad \tau > t\,. \tag{1.27}$$

$\boldsymbol{G}(t, \tau)$ ist eine $q \times m$-Matrix mit den Koeffizienten $g_{ij}(t, \tau)$. Ein Vergleich von (1.26) mit (1.25) unter Berücksichtigung von (1.27) zeigt, daß

$$\boldsymbol{G}(t, \tau) = \begin{cases} \boldsymbol{C}(t) \cdot \boldsymbol{\Phi}(t, \tau) \cdot \boldsymbol{B}(\tau) + \delta(t - \tau) \cdot \boldsymbol{D}(\tau) & \text{für } \tau \leqq t \\ \boldsymbol{0} & \text{für } \tau > t\,. \end{cases} \tag{1.28}$$

Mit dieser Gleichung ist uns eine Methode zur Konstruktion von $\boldsymbol{G}(t, \tau)$ in die Hand gegeben.

Die Übergangsmatrix $\boldsymbol{\Phi}(t, \tau)$ kann nach den gut bekannten Verfahren zur Lösung linearer Differentialgleichungssysteme bestimmt werden (so z. B. [6], [25], [33]).

Besonders einfach lassen sich stationäre Systeme behandeln, für die bekanntlich $\boldsymbol{A}(t) = \boldsymbol{A}$; $\boldsymbol{B}(t) = \boldsymbol{B}$; $\boldsymbol{C}(t) = \boldsymbol{C}$; $\boldsymbol{D}(t) = \boldsymbol{D}$ und

$$\boldsymbol{G}(t, \tau) = \boldsymbol{G}(t - \tau)\,. \tag{1.29}$$

Im Falle stabiler Systeme existieren Fourier- und Laplace-Transformierte der Impulsübertragungsfunktion[1])

$$\boldsymbol{G}_F(j\omega) = \int\limits_{-\infty}^{\infty} \boldsymbol{G}(\tau) \cdot \mathrm{e}^{-j\omega\cdot\tau} \cdot \mathrm{d}\tau \tag{1.30}$$

---

[1]) Um unseren Symbolvorrat nicht zu erschöpfen, werden wir Laplace- und Fourier-Transformierte einer Funktion mit dem gleichen Buchstaben wie die Funktion selbst bezeichnen und in Zweifelsfällen durch den Index „L“ bzw. „F“ kennzeichnen.

bzw.

$$\boldsymbol{G}_L(p) = \int_0^\infty \boldsymbol{G}(\tau) \cdot \mathrm{e}^{-p\cdot\tau} \cdot \mathrm{d}\tau = \int_{-\infty}^\infty \boldsymbol{G}(\tau) \cdot \mathrm{e}^{-p\cdot\tau} \cdot \mathrm{d}\tau. \quad (1.31)$$

Die Matrizen $\boldsymbol{A}$, $\boldsymbol{B}$, $\boldsymbol{C}$ und $\boldsymbol{D}$ sind im Falle stationärer Systeme zeitunabhängig:

$$\dot{\boldsymbol{z}} = \boldsymbol{A} \cdot \boldsymbol{z} + \boldsymbol{B} \cdot \boldsymbol{x},$$
$$\boldsymbol{y} = \boldsymbol{C} \cdot \boldsymbol{z} + \boldsymbol{D} \cdot \boldsymbol{x}. \quad (1.32)$$

Geht man zu den nach LAPLACE transformierten Größen $\boldsymbol{x}_L$, $\boldsymbol{y}_L$ und $\boldsymbol{z}_L$ über, so erhält man unter der Voraussetzung, daß $\boldsymbol{z}_0 = 0$

$$(p \cdot \boldsymbol{E} - \boldsymbol{A}) \cdot \boldsymbol{z}_L = \boldsymbol{B} \cdot \boldsymbol{x}_L,$$
$$\boldsymbol{y}_L = \boldsymbol{C} \cdot \boldsymbol{z}_L + \boldsymbol{D} \cdot \boldsymbol{x}_L, \quad (1.33)$$

wobei z. B.

$$\boldsymbol{z}_L = \boldsymbol{z}_L(p) = \int_{t_0}^\infty \boldsymbol{z}(t) \cdot \mathrm{e}^{-p\cdot t} \cdot \mathrm{d}t$$

oder nach Ausschluß von $\boldsymbol{z}_L$

$$\boldsymbol{y}_L = [-\boldsymbol{C} \cdot (\boldsymbol{A} - p \cdot \boldsymbol{E})^{-1} \cdot \boldsymbol{B} + \boldsymbol{D}] \cdot \boldsymbol{x}_L. \quad (1.34)$$

Transformiert man (1.28) unter Berücksichtigung der Stationarität, d. h., $\boldsymbol{\Phi}(t; \tau) = \boldsymbol{\Phi}(t - \tau)$, so wird

$$\boldsymbol{G}_L = \boldsymbol{C} \cdot \boldsymbol{\Phi}_L \cdot \boldsymbol{B} + \boldsymbol{D}. \quad (1.35)$$

Da (1.26) für stationäre Systeme in ein einfaches Faltungsintegral übergeht, gilt

$$\boldsymbol{y}_L = \boldsymbol{G}_L(p) \cdot \boldsymbol{x}_L. \quad (1.36)$$

Infolge der Willkür bei der Wahl der $\boldsymbol{x}_L(p)$ muß $\boldsymbol{G}_L(p)$ dem Ausdruck in der Klammer in (1.34) gleich sein bzw., wenn man (1.35) hinzuzieht,

$$\boldsymbol{\Phi}_L(p) = -(\boldsymbol{A} - p \cdot \boldsymbol{E})^{-1}. \quad (1.37)$$

Diese Beziehung folgt auch unmittelbar aus der Betrachtung der zu (1.32) homogenen Gleichung.

Man sieht, daß die Koeffizienten der Impulsübertragungsmatrix $\boldsymbol{G}_L(p)$ die gut bekannten Eigenschaften der Vierpolübertragungsfunktion aufweisen:

- $g_{i,j}^L(p)$ ist eine gebrochen rationale Funktion von p, wobei der Grad des Zählerpolynoms den Grad des Nennerpolynoms nicht übersteigt, da $\lim_{\omega\to\infty} |g_{i,j}^L(j\omega)| < \infty$,
- die Koeffizienten der Zähler- und Nennerpolynome von $g_{i,j}^L(p)$ sind reell,
- komplexe Pole und Nullstellen von $g_{i,j}^L(p)$ treten nur in komplex konjugierten Paaren auf,
- alle Pole des stabilen Systems liegen in der linken Halbebene.

1.5. Nichtlineare Systeme

Die Einteilung der dynamischen Systeme in lineare und nichtlineare bedeutet die Erfüllung bzw. das Fallenlassen einer Voraussetzung — der Voraussetzung über die Gültigkeit des Superpositionsprinzips.

Infolge des Fehlens einer solchen leistungsfähigen Waffe wie des Superpositionsprinzips wird die Behandlung allgemeiner nichtlinearer Systeme vom Typ (1.6) bis (1.8) sehr kompliziert. Eine gewisse Sonderstellung nehmen lediglich die trägheitslosen nichtlinearen Systeme ein, deren Ausgangsreaktion $\boldsymbol{y}(t)$ zum Zeitpunkt t nur vom Wert des Eingangsvektors zum selben Zeitpunkt abhängt

$$\boldsymbol{y}(t) = \boldsymbol{\varphi}\big(\boldsymbol{x}(t), t\big). \tag{1.38}$$

Aber selbst in diesem Falle lassen sich in der Regel nur Näherungsmethoden zur Behandlung derartiger Systeme angeben, wenn $\boldsymbol{x}(t)$ einen stochastischen Vektorprozeß darstellt.

Da eine exakte Lösung der Differentialgleichung (1.6), (1.8) für nichtlineare Systeme in der Regel nicht aufgefunden werden kann, stehen hier Näherungsmethoden im

Vordergrund, die das Verhalten des Ausgangsvektors in Abhängigkeit vom Eingangsvektor, von den Systemparametern, wie z. B. Typ der Nichtlinearität, Größe der einzelnen Parameter usw. qualitativ richtig widerspiegeln. Für praktische Belange sind die qualitativen Aussagen auch fast immer ausreichend, da bei Syntheseaufgaben der geforderte genaue Wert irgendeines Systemparameters in der Regel experimentell eingestellt werden kann, bei Analyseaufgaben wiederum nur in seltenen Fällen der exakte Wert des Ausgangsvektors zu einem bestimmten Zeitpunkt interessiert.

Die wichtigsten Näherungsmethoden der Theorie nichtlinearer Schwingungen lassen sich auf stochastische Systeme übertragen, sie sollen deshalb hier in der gebotenen Kürze skizziert werden, um die den einzelnen Methoden zugrunde liegenden Ideen herauszuarbeiten.

1.5.1. Linearisierung des Systems

Zur Erläuterung der einzelnen Methoden lassen wir die einfacher zu behandelnde Gleichung (1.8) erst einmal außer acht und betrachten nur die Differentialgleichung (1.5) bzw. (1.6) für die Zustandsvariablen des nichtlinearen Systems

$$\dot{\boldsymbol{z}} = \boldsymbol{f}(\boldsymbol{z}^T, \boldsymbol{x}^T, t). \tag{1.6}$$

Wenn man annehmen kann, daß die äußere Erregung — der Eingangsvektor $\boldsymbol{x}$ — so klein ist, daß das System (1.6) bezüglich der Eingangsstörungen $\boldsymbol{x}$ als linear angesehen werden kann, so läßt sich z. B. durch TAYLOR-Entwicklung eine Linearisierung vornehmen. $\boldsymbol{z}_0$ sei der Zustandsvektor des Systems bei $\boldsymbol{x} = \boldsymbol{0}$ und $\Delta\boldsymbol{z}$ die durch $\boldsymbol{x}$ bewirkte Abweichung von $\boldsymbol{z}_0$. Durch Vernachlässigung der nichtlinearen Glieder in der TAYLOR-Reihe überführt man (1.6) in

$$\Delta\dot{z}_i = \sum_{k=1}^{n} \left.\frac{\partial f_i(\boldsymbol{z}^T, \boldsymbol{0}, t)}{\partial z_k}\right|_{\boldsymbol{z}=\boldsymbol{z}_0} \cdot \Delta z_k + \sum_{l=1}^{m} \left.\frac{\partial f_i(\boldsymbol{z}_0{}^T, \boldsymbol{x}^T, t)}{\partial x_l}\right|_{\boldsymbol{x}=0} \cdot x_l\,,$$

$$i = 1, 2, \ldots n. \tag{1.39}$$

Analog läßt sich gegebenenfalls Gleichung (1.8) linearisieren. Im Ergebnis erhält man ein lineares System der Art (1.13), wobei beispielsweise die Koeffizienten der Matrix $\boldsymbol{A}$ durch

$$a_{i,j}(t) = \left.\frac{\partial f_i(\boldsymbol{z}^T, \boldsymbol{0}, t)}{\partial z_j}\right|_{\boldsymbol{z}=\boldsymbol{z}_0}$$

bestimmt sind.

Es muß darauf hingewiesen werden, daß selbst bei kleinen Erregungen eine Linearisierung nicht immer zu-

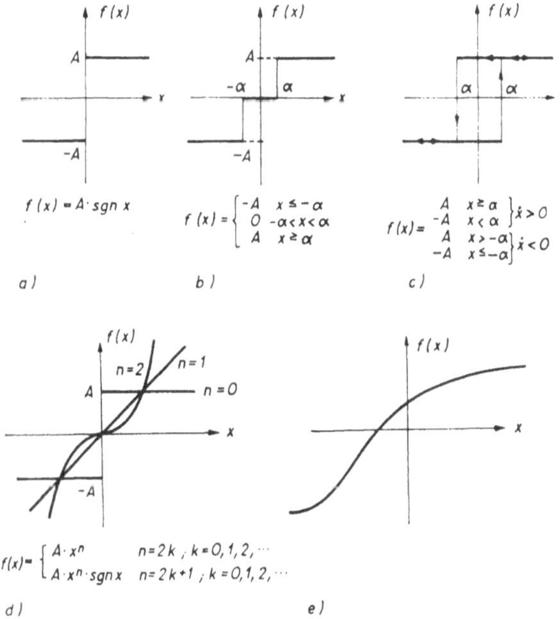

Abb. 2. Typische nichtlineare Kennlinien

a) einfache Relaiskennlinie
b) Relaiskennlinie mit Totzone
c) Relaiskennlinie mit Hysteresisschleife
d) Potenzkennlinie
e) unsymmetrische Kennlinie

lässig ist. Das trifft z. B. für Systeme zu, die trägheitslose Nichtlinearitäten vom Typ einer Relaischarakteristik oder Kennlinien mit Totzonen bzw. Hysteresisschleifen enthalten (s. Abb. 2). Jedoch kann in allen diesen Fällen eine stückweise Linearisierung vorgenommen werden.

Durch stückweise Linearisierung eines Systems mit einer oder mehreren Nichtlinearitäten wird das Ausgangsgleichungssystem (1.6) auf mehrere lineare Differentialgleichungssysteme zurückgeführt, die jeweils für ver-

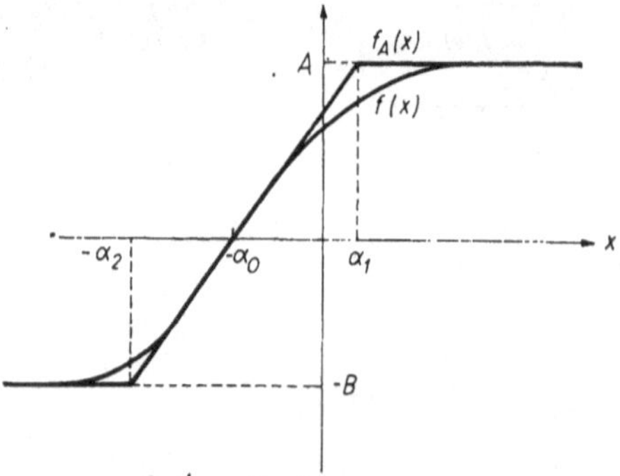

$$f_A(x) = \begin{cases} A & \alpha_1 < x \\ \dfrac{A+B}{\alpha_1+\alpha_2}(x+\alpha_0) & -\alpha_2 \leq x \leq \alpha_1 \\ -B & x < -\alpha_2 \end{cases}$$

Abb. 3. Approximation der Kennlinie $f(x)$ durch eine stückweise lineare Funktion $f_A(x)$

schiedene Definitionsbereiche der Variablen x_i und z_i gelten (Abb. 3). Sobald eine oder mehrere Variablen die Grenze des jeweiligen Geltungsbereiches erreichen, müssen die Anfangsbedingungen für den nächsten Bereich errechnet und die Bewegung des Systems weiter verfolgt werden.

Im Prinzip stellt die Methode der stückweisen Linearisierung eine universelle Näherungsmethode dar, die bei beliebigen Erregungen herangezogen werden kann. Allerdings ist sie mit sehr hohem numerischen Rechenaufwand verbunden, wenn die nichtlinearen Kennlinien des Systems durch viele Geradenabschnitte angenähert werden müssen und die Dimension des Systems hoch ist. Jeder Bewegungsablauf des Systems — für jede konkrete Erregung $x(t)$ — muß ja praktisch einzeln berechnet werden. Deshalb findet diese Methode in erster Linie bei der Analyse autonomer Systeme[1]) Verwendung.

1.5.2. Harmonische Linearisierung

Bei der Analyse von Selbstschwingungen nichtlinearer Systeme wird häufig die Methode der harmonischen Linearisierung herangezogen. Die Grundidee besteht dabei darin, daß die nichtlinearen Kennlinien des Systems durch lineare ersetzt werden, die bezüglich der Einwirkung einer harmonischen Erregung den nichtlinearen Kennlinien äquivalent sind. Für Systeme mit einer Nichtlinearität ist diese Methode sehr weit entwickelt worden, für Systeme mit zwei und mehr Nichtlinearitäten steigt allerdings sehr schnell der Rechenaufwand. Eine umfassende Darstellung der mit der harmonischen Linearisierung zusammenhängenden Fragen kann man in [26] finden.

Nehmen wir an, daß es sich bei dem betrachteten System (1.6), (1.8) um einen Vierpol handelt, der nur eine Nichtlinearität enthalte und daß durch Ausschluß aller Zustandsvariablen die Abhängigkeit der Ausgangsgröße $y(t)$ von der Eingangserregung $x(t)$ in folgender Form dargestellt werden kann

$$F(p) \cdot y + G(p) \cdot f(y, \dot{y}) = M(p) \cdot x. \qquad (1.40)$$

Hier sind $F(p)$, $G(p)$, $M(p)$ — Polynome in p; p ist der Differentiationsoperator — $p = \dfrac{\mathrm{d}}{\mathrm{d}t}$, $py = \dot{y}$. Der Dar-

[1]) Die Differentialgleichung eines autonomen Systems hängt nicht explizit von der Zeit ab. Alle Parameter eines derartigen Systems sind demzufolge konstant, die Eingangsgrößen müssen ebenfalls konstant sein.

stellung (1.40) entspricht das in Abb. 4 gezeigte Strukturschema des Vierpols.

Um das Wesen der harmonischen Linearisierung besser herauszuarbeiten, soll jetzt noch angenommen werden, daß die Eingangsgröße identisch Null sei: $x(t) = 0$.

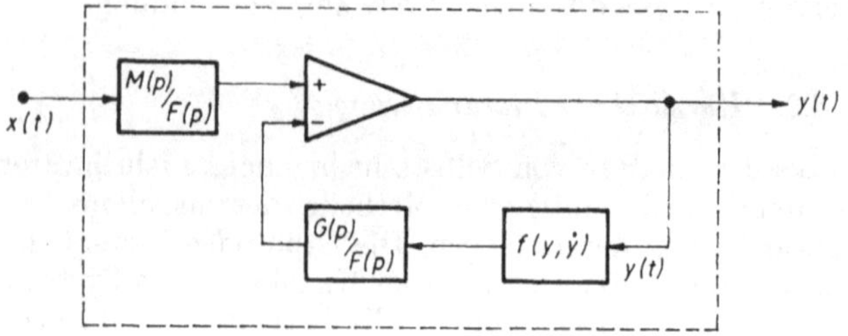

Abb. 4. Strukturschema des Vierpols nach Gleichung (1.40)

Die nichtlineare Kennlinie $f(y, \dot{y})$ soll durch eine lineare ersetzt werden derart, daß bezüglich einer harmonischen Erregung

$$y = y_0 + A \cdot \sin \omega \cdot t = y_0 + y_1 \tag{1.41}$$

die Ausgangssignale einander äquivalent sind

$$f(y, \dot{y})|_{y=y_0+y_1} = a_0 + a \cdot y_1 + \frac{b}{\omega} \cdot \dot{y}_1. \tag{1.42}$$

y_0 ist hier eine Konstante, die z. B. für antisymmetrische Kennlinien verschwindet, im anderen Falle den durch die Nichtlinearität bedingten Gleichanteil (Verschiebung des Arbeitspunktes) repräsentiert.

Die Koeffizienten a_0, a und b/ω sind offensichtlich den ersten FOURIER-Koeffizienten der Reihe

$$\begin{aligned} &f(y_0 + A \cdot \sin \omega \cdot t; A \cdot \omega \cdot \cos \omega \cdot t) \\ &= a_0 + \sum_{k=1}^{\infty} [a_k \cdot \sin k \cdot \omega \cdot t + b_k \cdot \cos k \cdot \omega \cdot t] \end{aligned} \tag{1.43}$$

proportional, wenn man die Übereinstimmung des Ausdruckes

$$a_0 + a \cdot y_1 + \frac{b}{\omega} \cdot \dot{y}_1 = a_0 + A \cdot a \cdot \sin \omega \cdot t + A \cdot b \cdot \cos \omega \cdot t$$

mit den ersten drei Gliedern der Reihe (1.43), d. h. bis zur ersten Harmonischen, fordert:

$$a_0 = a_0(A, \omega)$$
$$= \frac{1}{2\pi} \int_0^{2\pi} f(y_0 + A \cdot \sin\theta, A \cdot \omega \cdot \cos\theta) \cdot d\theta, \tag{1.44}$$

$$a = a(A, \omega)$$
$$= \frac{1}{2\pi} \int_0^{2\pi} f(y_0 + A \cdot \sin\theta, A \cdot \omega \cdot \cos\theta) \cdot \sin\theta \cdot d\theta, \tag{1.45}$$

$$b = b(A, \omega)$$
$$= \frac{1}{2\pi} \int_0^{2\pi} f(y_0 + A \cdot \sin\theta, A \cdot \omega \cdot \cos\theta) \cdot \cos\theta \cdot d\theta. \tag{1.46}$$

Man sieht, daß selbst bei harmonischen $y(t)$ am Ausgang der Nichtlinearität im allgemeinen höhere Harmonische auftreten, die natürlich beim Aufsuchen periodischer Lösungen nicht einfach außer acht gelassen werden können. Damit eine periodische Lösung des Systems (1.40) (bei $x = 0$) überhaupt die Form einer harmonischen Schwingung annehmen kann, dürfen die höheren Harmonischen, die am Ausgang der Nichtlinearität auftreten (s. Abb. 4), nicht wieder über die Rückkopplungsschleife an den Punkt A (Eingang der Nichtlinearität) gelangen. Damit erhält man die sogenannte Filterbedingung — das durch den Operator $G(p)\, F^{-1}(p)$ repräsentierte Filter muß Tiefenpaßcharakter besitzen und die höheren Harmonischen so stark schwächen, daß sie praktisch keine Rolle mehr spielen. Diese Bedingung läßt sich mathematisch exakt als Voraussetzung für den Aufbau eines Lösungsverfahrens formulieren, dessen erste Näherung die durch die harmonische Linearisierung gewonnene darstellt.

Wir nehmen an, daß diese Bedingung erfüllt sei. Dann geht die Ausgangsgleichung näherungsweise über in

$$F(p) \cdot (y_0 + y_1) + G(p)$$
$$\left[a_0(A, \omega) + a(A, \omega, y_0) \cdot y_1 + \frac{b(A, \omega, y_0)}{\omega} p y_1\right] = 0 \quad (1.47)$$

und zerfällt in zwei Gleichungen

$$F(0) \cdot y_0 + G(0) \cdot a_0(A, \omega, y_0) = 0, \quad (1.48)$$

$$F(p) \cdot y_1 + G(p) \left[a(A, \omega, y_0) + \frac{b(A, \omega, y_0)}{\omega} \cdot p\right] \cdot y_1 = 0, \quad (1.49)$$

die sich unter Heranziehung algebraischer Methoden lösen lassen. Man beachte, daß die sich ergebenden Bestimmungsgleichungen bezüglich A, ω und y_0 nichtlinear bleiben.

Stellt man $y_1 = A \cdot \sin \omega t$ z. B. als Summe der komplexen Schwingungen $\frac{1}{2j} A\, e^{j\omega \cdot t}$ und $-\frac{1}{2j} A \cdot e^{-j\omega t}$ dar, so ergibt sich infolge der Linearität bezüglich y_1

$$F(j\omega) + G(j\omega)\,[a(A, \omega, y_0) + jb(A, \omega, y_0)] = 0. \quad (1.50)$$

Nach Trennung von Real- und Imaginärteil erhält man zwei, im allgemeinen nichtlineare Gleichungen bezüglich A und ω sowie y_0, die zusammen mit (1.48) zumindest graphisch gelöst werden können.

Bei schwach entdämpften oder gedämpften Schwingungen ergibt sich ein komplexes ω; die Dämpfungskonstante $\lambda = \operatorname{Im} \omega$ muß dabei klein gegenüber $\operatorname{Re} \omega$ sein, um die Berechtigung für die Beibehaltung der Gleichung (1.47) zu erhalten.

Die Methode der harmonischen Linearisierung läßt sich auf stark ge- oder entdämpfte Schwingungen, auf den Fall erzwungener Schwingungen und auf den Fall langsamer äußerer Erregungen ausdehnen, also auf ein System der Art (1.40) mit beliebigen, langsam sich ändernden $x(t)$. Langsam bedeutet hier, daß sich $x(t)$ während einer Schwingungsperiode nicht wesentlich ändert: $\left|\frac{\mathrm{d}x(t)}{\mathrm{d}t}\right| \ll \omega$. Die Gleichungen (1.49) und (1.48) müssen dabei durch

$$F(p) \cdot y_1 + G(p) \left[a\big(A(y_0), \omega(y_0), y_0\big) + \frac{b\big(A(y_0), \omega(y_0), y_0\big)}{\omega(y_0)}\right] \cdot y_1 = 0 \tag{1.51}$$

und

$$F(p) \cdot y_0 + G(p) \cdot a_0\big(A(y_0), \omega(y_0), y_0\big) = M(p) \cdot x \tag{1.52}$$

ersetzt werden. A und ω werden aus der ersten Gleichung als Funktionen von y_0 errechnet, in die zweite Gleichung substituiert und diese wird danach gelöst.

Der wesentliche Vorteil der harmonischen Linearisierung besteht darin, daß in übersichtlicher Form die wichtigsten Charakterzüge der Lösung erfaßt werden, wobei die Dimension des linearen Filters (Grad des Polynoms $F(p)$) keine prinzipiellen Schwierigkeiten mit sich bringt.

1.5.3. Entwicklung nach kleinen Parametern

Die Vielzahl der Modifikationen dieser Methode, die mit den Namen von Poisson, Lagrange, Poincaré [24], Ljapunov [18], van der Pol [36], Krylov und Bogoljubov [15] u. a. verbunden sind (s. a. [22], [23]), macht selbst bei der hier beabsichtigten skizzenhaften Darlegung eine Beschränkung auf einen der leistungsfähigsten Vertreter aus der Klasse der Methoden des kleinen Parameters notwendig, und zwar wollen wir ein asymptotisches Lösungsverfahren für Systeme mit einem Freiheitsgrad (Systeme zweiter Ordnung) der Art

$$\frac{d^2z}{dt^2} + \omega^2 z = \varepsilon \cdot f\left(x(t), z, \dot{z}\right) \tag{1.53}$$

behandeln, das die typischen und verallgemeinerungsfähigen Eigenschaften der asymptotischen Näherungsmethoden erkennen läßt. ε ist hier ein kleiner Parameter; für $\varepsilon = 0$ geht (1.53) in die Gleichung eines harmonischen Oszillators mit der Lösung

$$z = A \cdot \cos(\omega t + \varphi_0) = A \cdot \cos \Psi(t)$$

über. Der Einfachheit halber sei erst einmal angenommen, daß das System (1.53) autonom sei, d. h.

$$\frac{d^2z}{dt^2} + \omega^2 \cdot z = \varepsilon \cdot g(z, \dot{z}). \tag{1.54}$$

Untersucht werden sollen die Eigenschwingungen dieses Systems. Setzt man die Lösung von (1.54) als Reihenentwicklung nach ε in der Form

$$z = \sum_{k=0}^{\infty} \varepsilon^k \cdot z_k \tag{1.55}$$

an, substituiert diesen Ansatz in (1.54) und vergleicht nach Reihenentwicklung des rechten Teils Glieder bei gleichen Potenzen von ε, so gilt

$$\ddot{z}_0 + \omega^2 z_0 = 0, \qquad \left(\ddot{z} = \frac{d^2z}{dt^2}\right)$$

$$\ddot{z}_1 + \omega^2 z_1 = g(z_0, \dot{z}_0),$$

$$\ddot{z}_2 + \omega^2 z_2 = \left.\frac{\partial g(z, \dot{z})}{\partial z}\right|_{\substack{z=z_0\\ \dot{z}=\dot{z}_0}} \cdot z_1 + \left.\frac{\partial g(z, \dot{z})}{\partial \dot{z}}\right|_{\substack{z=z_0\\ \dot{z}=\dot{z}_0}} \cdot \dot{z}_1 .$$

Sehen wir uns die zweite Gleichung etwas genauer an: Ihre partikuläre Lösung lautet

$$z_1 = \int_0^t \frac{\sin \omega(t - s)}{\omega} \cdot g(z_0(s), \dot{z}_0(s)) \, ds .$$

$g(z_0; \dot{z}_0)$ ist aber periodisch in s, da z_0 und $\dot{z}_0$ harmonische Funktionen gleicher Frequenz sind. Der Beitrag zu z_1, der von der Komponente $a_1 \cdot \sin \omega \cdot s$ der FOURIER-Zerlegung $g(z_0(s); \dot{z}_0(s)) = a_0 + \sum_{k=1}^{\infty} [a_k \cdot \sin k \cdot \omega \cdot s + b_k \cdot \cos k \cdot \omega \cdot s]$ geliefert wird

$$a_1 \cdot \int_0^t \frac{\sin \omega \cdot (t - s)}{\omega} \cdot \sin \omega \cdot s \, ds$$

$$= \frac{a_1}{2\omega} \left[\frac{\sin \omega \cdot t}{\omega} - t \cdot \cos \omega \cdot t \right]$$

enthält eine zu t proportionale Komponente. In $z = \sum_{k=0}^{\infty} \varepsilon^k \cdot z_k$ tritt damit ein zu $\varepsilon \cdot t$ proportionales Glied $-\left(-\varepsilon \cdot t \cdot a_1 \cdot \frac{\cos \omega \cdot t}{2\omega}\right)$ — auf, ein sogenanntes sekuläres Glied. In zweiter Näherung erscheint schon ein Glied $\sim \varepsilon^2 \cdot t^2$ usw. Das Auftreten derartiger Glieder führt dazu, daß bei Abbrechen der Reihe $\sum_{k=0}^{\infty} \varepsilon^k \cdot z_k$ die erhaltene Näherungslösung nur für $\varepsilon \cdot t \ll 1$ ihre Gültigkeit behält, und ist damit der eigentliche Grund dafür, daß die Näherungslösungen, die durch Entwicklung von z in eine Potenzreihe nach ε gewonnen werden, für eine qualitative und quantitative Analyse der Lösung bei beliebigem t ungeeignet sind.

Diese Schwierigkeit wird durch die Verwendung asymptotischer Lösungsverfahren überwunden, die so aufgebaut sind, daß bei Abbruch der entsprechenden ε-Entwicklungen (nicht in der Form $\sum_{k=0}^{\infty} \varepsilon^k \cdot z_k$!) nach dem n-ten Glied der Fehler proportional $\varepsilon^{n+1} \cdot t$ ist, also bei Abbruch nach der ersten Näherung schon proportional $\varepsilon^2 \cdot t$.

Die physikalische Intuition führt auf den richtigen Weg zum Aufbau derartiger asymptotischer Näherungen ([2]). In der Tat wird ja durch (1.54) ein schwach nichtlineares System beschrieben, das für $\varepsilon = 0$ in einen harmonischen Oszillator übergeht. Für den harmonischen Oszillator gilt

$$z = A \cdot \cos \Psi,$$

wobei $\dfrac{dA}{dt} = 0$ und $\dfrac{d\Psi}{dt} = \omega$.

Durch das nichtlineare Störungsglied $\varepsilon \cdot g(z, \dot{z})$ werden höhere Harmonische erzeugt, die Momentanfrequenz $\dfrac{d\Psi}{dt}$ wird von der Schwingungsamplitude abhängen, außerdem wird die Schwingungsamplitude selbst zeitabhängig.

Nehmen wir einmal an, daß sich die Schwingungsfrequenz dabei um den Wert $\tilde{\varepsilon}$ ändere. Dann wird

$$z = A \cdot \cos(\omega \cdot t + \varphi_0 + \tilde{\varepsilon} \cdot t) = A \cdot \Big[\cos(\omega \cdot t + \varphi_0) - \tilde{\varepsilon} \cdot t \cdot \sin(\omega t + \varphi_0) - \frac{\tilde{\varepsilon}^2 \cdot t^2}{2} \cdot \cos(\omega t + \varphi_0) + \cdots\Big].$$

Man sieht, daß eine kleine Änderung der Schwingungsfrequenz zum Auftreten der sekulären Glieder führt. Der Lösungsansatz

$$z = A \cdot \cos \Psi + \varepsilon \cdot u_1(A, \Psi) + \varepsilon^2 \cdot u_2(A, \Psi) + \cdots \tag{1.56}$$

mit

$$\frac{\mathrm{d}A}{\mathrm{d}t} = \varepsilon \cdot a_1(A) + \varepsilon^2 \cdot a_2(A) + \cdots, \tag{1.57}$$

$$\frac{\mathrm{d}\Psi}{\mathrm{d}t} = \omega + \varepsilon \cdot b_1(A) + \varepsilon^2 \cdot b_2(A) + \cdots \tag{1.58}$$

erfaßt hingegen schon in niedriger Näherung die wesentlichsten Eigenschaften des Systems, wie z. B. die Frequenzänderung, und ist damit viel besser für eine Analyse des Systems (1.54) geeignet.

Die Entwicklung (1.56) bis (1.58) soll nach der m-ten Potenz abgebrochen werden. Der Ansatz (1.56) bis (1.58) enthält dabei noch mehr Koeffizienten u_i, a_i und b_i als zur Ableitung der entsprechenden Anzahl unabhängiger Gleichungen notwendig. Auf Grund dieser Willkür kann noch die Erfüllung von Zusatzbedingungen gefordert werden. Krylov und Bogoljubov [2] ergänzen das Gleichungssystem (1.56) bis (1.58) durch die Bedingungen

$$\int_0^{2\pi} u_i(A, \Psi) \cdot \sin \Psi \cdot \mathrm{d}\Psi = \int_0^{2\pi} u_i(A, \Psi) \cdot \cos \Psi \cdot \mathrm{d}\Psi = 0, \tag{1.59}$$

wodurch die Größe A als volle Schwingungsamplitude der ersten Harmonischen definiert wird. Die Änderung der Schwingungsfrequenz wird durch diese Bedingung in der jeweiligen Näherung vollständig erfaßt, und das Auftreten der sekulären Glieder wird vermieden.

Substituiert man (1.56) unter Beachtung von (1.57) und (1.58) in (1.54), so erhält man nach Reihenentwicklung des rechten Teils von (1.54) und nachfolgendem Koeffizientenvergleich

$$\omega^2 \cdot \left[\frac{\partial^2 u_1}{\partial \Psi^2} + u_1\right] = g(A \cdot \cos \Psi, -A \cdot \omega \cdot \sin \Psi)$$
$$+ 2\omega \cdot a_1 \sin \Psi + 2\omega \cdot A \cdot b_1 \cdot \cos \Psi \tag{1.60}$$

$$\omega^2 \cdot \left[\frac{\partial^2 u_2}{\partial \Psi^2} + u_2\right] = u_1 \cdot \frac{\partial g}{\partial z}\bigg|_{\substack{z = A\cdot\cos\Psi \\ \dot{z} = -A\cdot\omega\cdot\sin\Psi}}$$

$$+ \left[a_1 \cdot \cos\Psi - A \cdot b_1 \sin\Psi + \omega \cdot \frac{\partial u_1}{\partial \Psi}\right] \cdot \frac{\partial g}{\partial \dot{z}}\bigg|_{\substack{z = A\cdot\cos\Psi \\ \dot{z} = -A\omega\cdot\sin\Psi}}$$

$$+ \left[A \cdot b_1{}^2 - a_1 \cdot \frac{\mathrm{d}a_1}{\mathrm{d}A}\right] \cdot \cos\Psi + \left[2 \cdot a_1 \cdot b_1 + a_1 \cdot A \cdot \frac{\mathrm{d}b_1}{\mathrm{d}A}\right]$$

$$\times \sin\Psi - 2\omega \cdot a_1 \cdot \frac{\partial^2 u_1}{\partial A \cdot \partial \Psi} - 2\omega \cdot b_1 \cdot \frac{\partial^2 u_1}{\partial \Psi^2}$$

$$+ 2\omega \cdot a_2 \cdot \sin\Psi + 2\omega \cdot A \cdot b_2 \cdot \cos\Psi \qquad (1.61)$$

. . . .

In dieser Form ist eine Lösung noch recht schwierig; beachtet man jedoch, daß die rechten Teile dieser Gleichungen und damit die u_i periodisch in Ψ sind, und zerlegt beide Funktionen in FOURIER-Reihen, so gilt z. B. für u_1 und g

$$u_1 = U_0(A) + \sum_{k=1}^{\infty} [U_k(A) \cdot \cos k\Psi + V_k(A) \cdot \sin k\Psi],$$

$$g(A \cdot \cos\Psi, - A \cdot \omega \cdot \sin\Psi)$$

$$= G_0(A) + \sum_{k=1}^{\infty} [G_k(A) \cdot \cos k\Psi + H_k(A) \cdot \sin k \cdot \Psi].$$

Infolge (1.59) läßt sich der Koeffizientenvergleich bei $\cos k\Psi$ und $\sin k \cdot \Psi$ nach Substitution dieser Ausdrücke in die erste Gleichung (1.60) leicht durchführen, da $U_1 = V_1 = 0$. Es ergeben sich dann die Gleichungen der ersten Näherungen zu

$$a_1 = -\frac{H_1(A)}{2\omega}$$

$$= -\frac{1}{2\pi \cdot \omega} \int_0^{2\pi} g(A \cdot \cos\Psi, -A \cdot \omega \cdot \sin\Psi) \cdot \sin\Psi \cdot \mathrm{d}\Psi,$$

$$b_1 = -\frac{G_1(A)}{2\omega}$$

$$= -\frac{1}{2\pi \cdot A \cdot \omega} \int_0^{2\pi} g(A \cdot \cos\Psi, - A \cdot \omega \cdot \sin\Psi) \cdot \cos\Psi \cdot \mathrm{d}\Psi \qquad (1.62)$$

und

$$U_0 = \frac{G_0(A)}{\omega^2}, \quad U_k = \frac{G_k(A)}{\omega^2 \cdot (1 - k^2)} \quad (k \geqq 2),$$

$$V_k = \frac{H_k(A)}{\omega^2(1 - k^2)} \quad (k \geqq 2). \tag{1.63}$$

Damit ist u_1 bekannt und in erster Näherung

$$z = A \cdot \cos \Psi + \varepsilon \cdot u_1(A, \Psi),$$

$$\frac{\mathrm{d}A}{\mathrm{d}t} = \varepsilon \cdot a_1(A), \qquad \frac{d\Psi}{\mathrm{d}t} = \omega + \varepsilon \cdot b_1(A). \tag{1.64}$$

Genau so lassen sich die höheren Näherungen bestimmen, wobei allerdings der Rechenaufwand sehr schnell anwächst, so daß man sich in der Regel mit der ersten Näherung begnügt.

Die hier in gedrängter Form erläuterte Methode eignet sich besonders gut zur Untersuchung schwach nichtlinearer Eigenschwingungen, wobei eine Verallgemeinerung auf multifrequente Systeme der Art

$$\frac{\mathrm{d}^2 \cdot z_k}{\mathrm{d}t^2} + \omega_k{}^2 \cdot z_k = \varepsilon \cdot g_k(z_1, \ldots, z_n, \dot{z}_1, \ldots, \dot{z}_n),$$
$$k = 1, 2, \ldots, n, \tag{1.65}$$

bzw. auf Systeme mit vielen Freiheitsgraden der Art

$$\frac{\mathrm{d}z_k}{\mathrm{d}t} + \sum_{s=1}^{n} \alpha_{k,s} \cdot z_s = \varepsilon \cdot f_k(z_1, \ldots z_n),$$
$$k = 1, 2, \ldots, n, \tag{1.66}$$

auf der Hand liegt (siehe [2], [13], [22]). Wesentlich ist hier für uns, daß ähnlich wie im Falle der harmonischen Linearisierung eine Anwendung dieser Methode auf Systeme mit langsam veränderlichen Parametern bzw. Erregungen möglich ist, also z. B. auf folgendes System

$$\frac{\mathrm{d}^2 z}{\mathrm{d}t^2} + \omega^2 \cdot z = \varepsilon \cdot f\big(z, \dot{z}, x(\varepsilon \cdot t)\big), \tag{1.67}$$

Die asymptotische Näherungslösung wird dabei in der Form

$$z = A \cdot \cos \Psi + \varepsilon \cdot u_1(\tau, A, \Psi) + \cdots,$$

$$\frac{dA}{dt} = \varepsilon \cdot a_1(\tau, A) + \varepsilon^2 \cdot a_2(\tau, A) + \cdots,$$

$$\frac{d\Psi}{dt} = \omega(\tau) + \varepsilon \cdot b_1(\tau, A) + \varepsilon^2 \cdot b_2(\tau, A) + \cdots \quad (1.68)$$

gesucht ($\tau = \varepsilon \cdot t$), wobei weiterhin die Bedingung (1.59) gelten soll.

Die skizzierte Methode stellt eine der am weitesten entwickelten in der Theorie der nichtlinearen Schwingungen dar. Die Vielzahl ihrer Anwendungsbereiche, die beispielweise noch Systeme mit periodischen Erregungen umfaßt, kann hier nicht einmal gestreift werden, da wir in erster Linie diese Methoden unter dem Aspekt ihrer Anwendbarkeit auf stochastische Systeme betrachten wollen. Dabei kommt es uns nicht nur darauf an, die Zustandsvariablen des Systems bzw. seine Ausgangsgrößen als Funktionale der stochastischen Eingangssignale darzustellen, also die Lösung der entsprechenden Differentialgleichung für beliebige Eingangssignale zu finden, sondern auch auf die Methoden, die für die Behandlung der FOKKER-PLANCK-Gleichung bedeutungsvoll sind. Aus diesem Grunde sind auch die Methoden zur Behandlung autonomer Systeme hier von Interesse.

1.5.4. Funktionalreihenentwicklung

Näherungsmethoden für die Analyse nichtlinearer Systeme können mit Hilfe von Funktionalreihen aufgebaut werden.

Betrachten wir beispielsweise einen Vierpol, dessen Systemgleichungen in Übereinstimmung mit (1.6) bis

(1.8) lauten

$$z = f(z^T, x, t),$$

$$y = g(z^T, x, t). \tag{1.69}$$

$x(t)$ und $y(t)$ sind entsprechend das (skalare) Eingangs- bzw. Ausgangssignal des Vierpoles. Das Eingangssignal $x(t)$ sei für $t < t_0$ identisch Null ($t_0 = -\infty$ ist zugelassen). Die Vierpolreaktion $y(t)$ zum Zeitpunkt t hängt dann von allen Werten des Eingangssignals $x(t)$ im Intervall $t_0 \leqq s \leqq t$ ab, stellt also ein Funktional von $x(s)$ dar

$$y = F_s[x(s), t_0 \leqq s \leqq t]. \tag{1.70}$$

Es wird vorausgesetzt, daß dieses Funktional stetig sei, d. h., kleine Änderungen des Eingangssignals bewirken entsprechend kleine Variationen des Ausgangssignals.

Unter dieser Voraussetzung existiert nach FRÉCHET [7] eine Folge von Funktionalen, die im Grenzfall das vorgegebene Funktional (1.70) beliebig genau annähert.

Das Problem der Vierpolanalyse besteht demzufolge darin, eine Funktionalfolge zu finden, die $y(t)$ immer genauer annähert. Ihre Existenz wird durch den Satz von FRÉCHET garantiert, jedoch sind damit noch keine Richtlinien zur Konstruktion der Folge gegeben.

Nehmen wir an, daß das Funktional (1.70) bekannt sei. Dann kann die entsprechende Funktionalfolge durch Zerlegung dieses Funktionals nach orthogonalen Funktionalen gewonnen werden. Da in unserem Falle das Funktional (1.70) aber a priori unbekannt ist, können wir im allgemeinen Fall auch nur die Form der approximierenden Funktionalfolge angeben.

Dazu bemerken wir, daß die Funktionale

$$h_0(t); \quad \int_{t_0}^{t} h_1(t, \tau) \cdot x(\tau)\, d\tau;$$

$$\int_{t_0}^{t} d\tau_1 \int_{t_0}^{t} d\tau_2 \cdot h_2(t, \tau_1, \tau_2) \cdot x(\tau_1) \cdot x(\tau_2), \ldots$$

linear unabhängig sind. Die Gewichtsfunktionen $h_k(t, \tau_1, \ldots, \tau_k)$ der aus den endlichen Funktionalreihen gebildeten Funktionale

$$F_0 = h_0(t),$$

$$F_1 = h_0(t) + \int_{t_0}^{t} \mathrm{d}\tau_1 \cdot h_1(t, \tau_1) \cdot x(\tau_1),$$

$$F_2 = h_0(t) + \int_{t_0}^{t} \mathrm{d}\tau_1 \cdot h_1(t, \tau) \cdot x(\tau)$$

$$+ \int_{t_0}^{t} \mathrm{d}\tau_1 \int_{t_0}^{t} \mathrm{d}\tau_2 \cdot h_2(t, \tau_1, \tau_2) \cdot x(\tau_1) \cdot x(\tau_2),$$

$$\cdots\cdots\cdots\cdots\cdots\cdots$$

$$F_N = h_0(t) + \sum_{k=1}^{N} \int_{t_0}^{t} \mathrm{d}\tau_1 \int_{t_0}^{t} \mathrm{d}\tau_2 \ldots \int_{t_0}^{t} \mathrm{d}\tau_k \cdot h_k\,(t, \tau_1, \ldots \tau_k)$$

$$\times\, x(\tau_1) \times \cdots \times x(\tau_k)$$

können dann infolge der linearen Unabhängigkeit und Vollständigkeit (auf deren Nachweis hier verzichtet werden soll) so gewählt werden, daß ein beliebiges vorgegebenes stetiges Funktional $F_s[x(s), t_0 \leqq s \leqq t]$ immer genauer durch diese Folge approximiert wird

$$F_s[x(s), t_0 \leqq s \leqq t] = \lim_{k \to \infty} F_k.$$

(Offensichtlich müssen die Funktionale F_k zuerst orthogonalisiert und danach ein vorgegebenes Funktional nach ihnen zerlegt werden. Dadurch ändern sich zwar die Kerne $h_k(t, \tau_1, \ldots, \tau_k)$, jedoch nicht die Form der Funktionale F_k). Man erhält damit die allgemeine Darstellung einer Vierpolreaktion in Form der sogenannten VOLTERRAschen Funktionalreihe [38]

$$y(t) = h_0(t) + \sum_{k=1}^{\infty} \int_{t_0}^{t} \mathrm{d}\tau_1 \ldots \int_{t_0}^{t} \mathrm{d}\tau_k\, h_k(t, \tau_1, \ldots, \tau_k)$$

$$\times\, x(\tau_1) \times \cdots \times x(\tau_k). \qquad (1.71)$$

Für lineare Systeme bricht diese Reihe nach dem zweiten Glied ab

$$y(t) = h_0(t) + \int_{t_0}^{t} d\tau_1 h_1 (t, \tau_1) \cdot x(\tau_1).$$

$h_0(t)$ ist die durch die jeweiligen Anfangsbedingungen bei $t = t_0$ hervorgerufene Eigenbewegung des Systems, $h_1(t, \tau)$ stellt die Impulsübertragungsfunktion des linearen Systems dar.

Für jedes physikalisch realisierbare System hängt $y(t)$ nur von $x(s)$ im Intervall $t_0 \leqq s \leqq t$ ab, deshalb sind die oberen Integralgrenzen in der VOLTERRA-Reihe durch t gegeben. Wir können die Integralgrenzen auf $\pm\infty$ erweitern, wenn wir beachten, daß $x(s) = 0$ für $s < t_0$, und wenn wir weiterhin den Definitionsbereich der $h_k(t, \tau_1, \ldots, \tau_k)$ erweitern

$$h_k(t, \tau_1, \tau_2, \ldots \tau_k) = 0,$$

$$\text{wenn } \tau_i > t \text{ für wenigstens ein } i \ (i = 1, 2, \ldots k). \quad (1.72)$$

Nach (1.71) gilt dann

$$y(t) = h_0(t) + \sum_{k=1}^{\infty} \int_{-\infty}^{+\infty} d\tau_1 \ldots \int_{-\infty}^{+\infty} d\tau_k \cdot h_k(t, \tau_1, \ldots \tau_k)$$
$$\times x(\tau_1) \times \cdots \times x(\tau_k). \quad (1.73)$$

Eine etwas andere Darstellungweise ergibt sich, wenn man die Substitution $s_i = t - \tau_i$ durchführt und die neuen Integralkerne

$$g_k(t, s_1, \ldots s_k) = h_k(t, t - s_1, \ldots t - s_k) \quad (1.74)$$

einführt

$$y(t) = g_0(t) + \sum_{k=1}^{\infty} \int_{-\infty}^{\infty} ds_1 \times \ldots \int_{-\infty}^{\infty} ds_k g_k(t, s_1, \ldots s_k)$$
$$\times x(t - s_1) \times \cdots \times x(t - s_k), \quad (1.75)$$

wobei offensichtlich nach (1.72)

$$g_k(t, s_1, \ldots s_k) = 0, \quad \text{wenn} \quad s_i < 0 \quad \text{für wenigstens ein } i$$
$$(i = 1, 2, \ldots k). \quad (1.76)$$

Hängt $g_k(t, s_1, \ldots, s_k)$ für alle k nicht mehr von t ab, so hat man es mit einem stationären nichtlinearen Vierpol zu tun. Die Koeffizienten des entsprechenden Gleichungssystems (1.69) sind dabei konstant.

Mit Hilfe der VOLTERRA-Reihenentwicklung kann im Prinzip ein nichtlinearer, stetiger (im Sinne des Funktionals (1.70)) Vierpol mit beliebiger Genauigkeit analysiert werden. Die Anzahl der zu berücksichtigenden Glieder wächst im allgemeinen mit Erhöhung der geforderten Genauigkeit. Das Problem der Analyse ist damit zu einem Problem der Bestimmung der Integralkerne $g_k(t, s_1, \ldots, s_k)$ bis zu möglichst hoher Ordnung k geworden. Mit steigender Ordnung wächst dabei in der Regel der Rechenaufwand, so daß die VOLTERRA-Reihenentwicklung meist nach einigen Gliedern abgebrochen werden muß. Aus diesem Grunde ist diese Methode besonders gut für Systeme mit schwachen Nichtlinearitäten geeignet, deren Bewegungsablauf in der „Umgebung" der linearen Näherung verläuft. Wir werden im weiteren an Hand eines konkreten Beispiels eine Methode zur Bestimmung der Integralkerne darlegen.

Abschließend sei noch darauf hingewiesen, daß die Funktionalreihendarstellung auf allgemeine nichtlineare Mehrpole ausgedehnt werden kann. Für die i-te Komponente des Ausgangsvektors $y(t)$ eines nichtlinearen Mehrpols (s. Abb. 1) gilt z. B.

$$y_i(t) = g_{0,i}(t) + \sum_{j=1}^{m} \int_{-\infty}^{\infty} \mathrm{d}\tau_1 \, g_{i,j}(t, \tau_1) \cdot x_j(t - \tau_1)$$

$$+ \sum_{j_1=1}^{m} \sum_{j_2=1}^{m} \int_{-\infty}^{\infty} \mathrm{d}\tau_1 \int_{-\infty}^{\infty} \mathrm{d}\tau_2 \, g_{2,j_1,j_2}(t, \tau_1, \tau_2) \cdot x_{j_1}(t - \tau_1)$$

$$\times \, x_{i_2}(t - \tau_2) + \cdots,$$

wenn der Eingangsvektor $\boldsymbol{x}(t)$ m-Komponenten besitzt: $\boldsymbol{x}^T(t) = \left(x_1(t), \ldots, x_m(t)\right)$.

2. Lineare stochastische Systeme

Der Analyse linearer Systeme sind umfangreiche Publikationen, Monographien und Artikel gewidmet (s. z. B. [27], [33], [39], [40], [41], [42]). Uns geht es deshalb in diesem Kapitel in erster Linie um eine systematische Darlegung der durch den stochastischen Charakter der Eingangssignale bedingten spezifischen Analysemethoden, wobei besondere Betonung auf die weniger bekannten Verfahren zur Analyse linearer Systeme bei Einwirkung nichtgaußscher Rauschprozesse gelegt werden soll.

Nicht berühren werden wir in diesem Kapitel die sich aus der Behandlung konkreter Steuer- und Regelungssysteme, Filter- und Meßsysteme usw. ergebenden Aspekte, wie Untersuchung der Streuung eines Regelfehlers, Abschätzung von Meßfehlern etc. All diese Probleme können mit Hilfe der darzulegenden Verfahren im Prinzip behandelt werden und sollen deshalb den entsprechenden Fachrichtungen vorbehalten bleiben.

2.1. Funktionen von Zufallsgrößen

Bevor wir zur Behandlung der stochastischen Systeme übergehen, ist es notwendig, sich erst einmal die einfachsten Transformationen von Zufallsgrößen bzw. Zufallsvektoren anzusehen und zu untersuchen, wie z. B. die statistischen Beschreibungsgrößen einer Zufallsgröße bzw. -vektors bei einfacher Funktionstransformation verändert werden. Auf dieser Grundlage lassen sich dann Analysemethoden für lineare Systeme ableiten und gleichzeitig Aussagen über das Verhalten trägheitsloser Nichtlinearitäten gewinnen.

Beginnen wir mit dem einfachsten Fall der Funktionstransformation einer Zufallsgröße X.

Gegeben sei die Wahrscheinlichkeitsverteilung $F_x(x)$ bzw. die Wahrscheinlichkeitsdichte $p_x(x) = \dfrac{\mathrm{d}F_x(x)}{\mathrm{d}x}$ der Zufallsgröße X. Die neue Zufallsgröße Y sei eine Funktion von X

$$Y = \varphi(X), \tag{2.1}$$

d. h., jedesmal, wenn X den Wert x annimmt, wird $Y = y = \varphi(x)$. Die bedingte Wahrscheinlichkeitsdichte $p(y/x)$ ist deshalb eine Deltafunktion

$$p(y/x) = \delta\big(y - \varphi(x)\big). \tag{2.2}$$

Berechnen wir zuerst den Mittelwert der neuen Zufallsgröße Y. Offensichtlich gilt

$$\begin{aligned}\langle Y\rangle &= \int_{-\infty}^{\infty} y \cdot p_y(y) \cdot \mathrm{d}y = \int_{-\infty}^{\infty} \mathrm{d}y \int_{-\infty}^{\infty} \mathrm{d}x \cdot y \cdot p_2(x, y)\\ &= \int_{-\infty}^{\infty} \mathrm{d}y \int_{-\infty}^{\infty} \mathrm{d}x \cdot y \cdot p_x(x) \cdot p(y/x)\\ &= \int_{-\infty}^{\infty} \mathrm{d}x \int_{-\infty}^{\infty} \mathrm{d}y\, p_x(x) \cdot \delta\big(y - \varphi(x)\big) \cdot y\\ &= \int_{-\infty}^{\infty} \mathrm{d}x \cdot \varphi(x) \cdot p_x(x) = \langle\varphi(X)\rangle. \end{aligned} \tag{2.3}$$

Man sieht, daß bei beliebiger Funktionstransformation die Mittelung über Y (mit der Verteilungsdichte $p_y(y)$) durch die Mittelung über $\varphi(X)$ (mit der Verteilungsdichte $p_x(x)$) ersetzt werden kann. Das gleiche gilt für Funktionen von Y

$$\langle f(Y)\rangle = \langle f\big(\varphi(X)\big)\rangle. \tag{2.4}$$

Wird die Zufallsgröße Y durch einen Zufallsvektor $\boldsymbol{X} = (X_1, \ldots, X_n)^T$ erzeugt, so ergibt sich in analoger

Weise die Mittelungsvorschrift

$$Y = \varphi(X_1, \ldots, X_n) \tag{2.5}$$

$$\langle f(Y) \rangle = \langle f(\varphi(X_1, \ldots, X_n)) \rangle = \int_{-\infty}^{\infty} dx_1 \ldots \int_{-\infty}^{\infty} dx_n \, f(\varphi(x_1, \ldots, x_n)) \times p_x(x_1, \ldots, x_n), \tag{2.6}$$

da in diesem Falle $p(y/x_1, \ldots, x_n) = \delta(y - \varphi(x_1, \ldots, x_n))$.

Es soll nun die Verteilungsfunktion $F_y(y)$ bzw. Wahrscheinlichkeitsdichte $p_y(y)$ der Zufallsgröße $Y = \varphi(X)$ bestimmt werden. Nach Definition gilt

$$F_y(y) = P(Y < y) = P(\varphi(X) < y) = \int_{\varphi(x) < y} p_x(x) \, dx, \tag{2.7}$$

wobei $P(Y < y)$ die Wahrscheinlichkeit des Ereignisses $Y < y$ bzw. $Y > \varphi(x)$ darstellt. Das Integral in (2.7) muß über all jene Intervalle ausgedehnt werden, für die die Ungleichung $\varphi(x) < y$ erfüllt ist (s. Abb. 5).

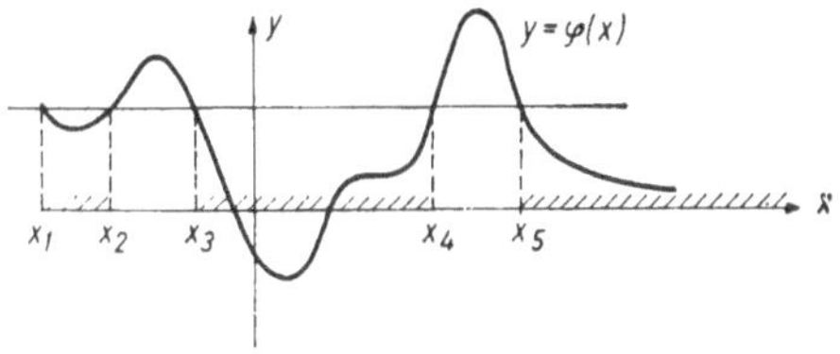

Abb. 5. Integrationsbereiche (gestrichelt) zur Bestimmung der Verteilung von $y = \varphi(x)$

Die Berechnung von $F_y(y)$ wird besonders einfach, wenn $\varphi(x)$ eine monotone Funktion ist, da dann die Gleichung

$$y = \varphi(x)$$

nur eine Lösung

$$x = \Psi(y) \tag{2.8}$$

besitzt. Das Integral kann dann durch Substitution $x = \Psi(\xi)$ umgeformt werden

$$F_y(y) = \int\limits_{-\infty(y)}^{y(\infty)} \mathrm{d}\xi \cdot p_x\big(\Psi(\xi)\big) \cdot \frac{\mathrm{d}\Psi(\xi)}{\mathrm{d}\xi}, \qquad (2.9)$$

wobei für $\frac{\mathrm{d}\Psi}{\mathrm{d}\xi} < 0$ die in Klammern angegebenen Integrationsgrenzen verwendet werden müssen.

Die Wahrscheinlichkeitsdichte $p_y(y) = \frac{\mathrm{d}F_y}{\mathrm{d}y}$ ist nach (2.9)

$$p_y(y) = p_x\big(\Psi(y)\big) \cdot \left|\frac{\mathrm{d}\Psi(y)}{\mathrm{d}y}\right|. \qquad (2.10)$$

Im Falle einer linearen Transformation

$$Y = \varphi(X) = \alpha \cdot X + \beta$$

gilt beispielsweise

$$X = \Psi(Y) = \frac{y - \beta}{\alpha}$$

und

$$p_y(y) = \frac{1}{|\alpha|} \cdot p_x\left(\frac{y - \beta}{\alpha}\right).$$

Zu den gleichen Ergebnissen gelangt man, wenn man von der Verbundwahrscheinlichkeitsdichte der Größen X und Y ausgeht, die sich unter Beachtung von (2.2) in der Form

$$p(x, y) = p_x(x) \cdot \delta\big(y - \varphi(x)\big)$$

darstellen läßt. Durch Integration über x gelangt man zur gesuchten Wahrscheinlichkeitsdichte $p_y(y)$

$$p_y(y) = \int\limits_{-\infty}^{\infty} \mathrm{d}x\, p_x(x) \cdot \delta\big(y - \varphi(x)\big). \qquad (2.11)$$

Besitzt die Gleichung $y = \varphi(x)$ nur eine einzige Lösung $x = \Psi(y)$, so wird nach Substitution $x = \Psi(\xi)$

$$p_y(y) = \int_{-\infty}^{\infty} \mathrm{d}\xi \cdot p_x\big(\Psi(\xi)\big) \cdot \left|\frac{\mathrm{d}\Psi(\xi)}{\mathrm{d}\xi}\right| \cdot \delta(y - \xi).$$

Dieser Ausdruck stimmt mit (2.10) überein.

Läßt die Gleichung $y = \varphi(x)$ mehrere Lösungen zu, so muß das Integrationsgebiet $(-\infty, \infty)$ in Intervalle untergliedert werden, innerhalb derer jeweils nur eine Lösung existiert, und nach den entsprechenden Substitutionen die Integration über die einzelnen Intervalle durchgeführt werden.

Ein Beispiel soll zur Illustration dienen: Es sei $Y = X^2$ und dementsprechend

$$p_y(y) = \int_{-\infty}^{\infty} \mathrm{d}x \cdot p_x(x) \cdot \delta(y - x^2)$$

$$= \int_{-\infty}^{0} \mathrm{d}x \cdot p_x(x) \cdot \delta(y - x^2) + \int_{0}^{\infty} \mathrm{d}x \cdot p_x(x) \cdot \delta(y - x^2).$$

Für das erste Integral erhält man mit $x = -\sqrt{\xi}$

$$\int_{-\infty}^{0} \mathrm{d}x \cdot p_x(x) \cdot \delta(y - x^2) = \frac{1}{2} \int_{0}^{\infty} p_x\big(-\sqrt{\xi}\big) \cdot \delta(y - \xi) \cdot \frac{\mathrm{d}\xi}{\sqrt{\xi}}$$

und für das zweite mit $x = \sqrt{\xi}$

$$\int_{0}^{\infty} \mathrm{d}x \cdot p_x(x) \cdot \delta(y - x^2) = \frac{1}{2} \int_{0}^{\infty} p_x\big(\sqrt{\xi}\big)\, \delta(y - \xi) \cdot \frac{\mathrm{d}\xi}{\sqrt{\xi}}.$$

Summiert man beide Anteile auf, so wird

$$p_y(y) = \begin{cases} \dfrac{p_x\big(\sqrt{y}\big) + p_x\big(-\sqrt{y}\big)}{2\sqrt{y}}, & y \geqq 0, \\ 0 \qquad\qquad\qquad , & y < 0 \end{cases}$$

(Für $y < 0$ liegen die Deltafunktionen außerhalb des Integrationsbereiches).

2.2. Transformation von Zufallsvektoren

Die für skalare Zufallsgrößen angegebene Berechnungsvorschrift läßt sich ohne Schwierigkeiten auf die Transformation eines Zufallsvektors $\boldsymbol{X} = (X_1, X_2, \ldots, X_n)^T$ in einen anderen $\boldsymbol{Y} = (Y_1, Y_2, \ldots, Y_m)^T$ ausdehnen. Es sei

$$Y_i = \varphi_i(X_1, \ldots, X_n) = \varphi_i(\boldsymbol{X}^T). \tag{2.12}$$

Die m-dimensionale Wahrscheinlichkeitsdichte von $\boldsymbol{Y}$ ist ähnlich wie im skalaren Fall

$$p_{m,y}(y_1, \ldots, y_m) = \int_{-\infty}^{\infty} \mathrm{d}x_1 \ldots \int_{-\infty}^{\infty} \mathrm{d}x_n \, p_{n,x}(x_1, \ldots, x_n)$$
$$\times \, \delta\big(y_1 - \varphi_1(\boldsymbol{x}^T)\big) \times \cdots \delta\big(y_m - \varphi_m(\boldsymbol{x}^T)\big). \tag{2.13}$$

Bei den weiteren Umformungen lassen sich drei Fälle unterscheiden:

$$1.\ m = n; \quad 2.\ m < n \quad \text{und} \quad 3.\ m > n.$$

Beginnen wir mit dem Fall $m = n$ und nehmen an, daß das Gleichungssystem (2.12) eine einzige Lösung besitze

$$X_i = \Psi_i(Y_1, \ldots, Y_m) = \Psi_i(\boldsymbol{Y}^T). \tag{2.14}$$

(2.13) wird dann durch die Substitution $\xi_i = \varphi_i(\boldsymbol{x}^T)$ überführt in

$$p_{m,y}(y_1, \ldots, y_m) = \int_{-\infty}^{\infty} \mathrm{d}\xi_1 \ldots \int_{-\infty}^{\infty} \mathrm{d}\xi_m \cdot p_{n,x}\big(\Psi_1(\xi^T), \ldots \Psi_m(\xi^T)\big)$$
$$\times \, |I(\xi)| \cdot \delta(y_1 - \xi_1) \times \cdots \times \delta(y_m - \xi_m)$$

bzw. nach Integration

$$p_{m,y}(y_1, \ldots, y_m) = p_{n,x}\big(\Psi_1(\boldsymbol{y}^T), \ldots \Psi_m(\boldsymbol{y}^T)\big) \cdot |I(\boldsymbol{y})|, \tag{2.15}$$

wobei

$$I(\boldsymbol{y}) = \begin{vmatrix} \dfrac{\partial \Psi_1(\boldsymbol{y}^T)}{\partial y_1} & \cdots & \dfrac{\partial \Psi_m(\boldsymbol{y}^T)}{\partial y_1} \\ \vdots & & \vdots \\ \dfrac{\partial \Psi_1(\boldsymbol{y}^T)}{\partial y_m} & \cdots & \dfrac{\partial \Psi_m(\boldsymbol{y}^T)}{\partial y_m} \end{vmatrix} \tag{2.16}$$

die JAKOBI-Determinante (Jakobian) der Koordinatentransformation $y_i = \varphi_i(\boldsymbol{x}^T)$ darstellt.

Im Falle $m < n$ muß $\boldsymbol{x}$ in zwei Teilvektoren $\boldsymbol{x}' = (x_1, \ldots, x_m)^T$ und $\boldsymbol{x}'' = (x_{m+1}, \ldots, x_n)^T$ aufgespalten werden. Wir setzen wieder voraus, daß die Gleichung (2.12) im Definitionsbereich von $\boldsymbol{x}$ eindeutig bezüglich $\boldsymbol{x}' = (x_1, \ldots, x_m)^T$ lösbar sei (für beliebige $x_{m+1}, \ldots, x_n$ aus dem Definitionsbereich von $\boldsymbol{x}$)

$$x_i = \Psi_i(y_1, \ldots, y_m, x_{m+1}, \ldots, x_n) = \Psi(\boldsymbol{y}^T, \boldsymbol{x}''^T).$$

Das Integral (2.13) läßt sich dann mit der gleichen Substitution wie im Falle $n = m$; $\xi_i = \varphi_i(\boldsymbol{x}'^T, \boldsymbol{x}''^T)$; $i = 1$; $\ldots m$ überführen in

$$\begin{aligned} p_{m,y}(y_1, \ldots, y_m) = \int_{-\infty}^{\infty} \mathrm{d}\xi_1 \ldots \int_{-\infty}^{\infty} \mathrm{d}\xi_m \int_{-\infty}^{\infty} \mathrm{d}x_{m+1} \ldots \int_{-\infty}^{\infty} \mathrm{d}x_n \\ \times p_{n,x}\big(\Psi_1(\boldsymbol{\xi}^T, \boldsymbol{x}''^T), \ldots, \Psi_m(\boldsymbol{\xi}^T, \boldsymbol{x}''^T), x_{m+1}, \ldots, x_n\big) \\ \times |I(\boldsymbol{\xi}; \boldsymbol{x}'')| \cdot \delta(y_1 - \xi_1) \times \cdots \times \delta(y_m - \xi_m) \end{aligned}$$

bzw. nach Integration über $\xi_1, \ldots, \xi_m$

$$\begin{aligned} p_{m,y}(y_1, \ldots, y_m) = \int_{-\infty}^{\infty} \mathrm{d}x_{m+1} \ldots \int_{-\infty}^{\infty} \mathrm{d}x_n \cdot p_{n,x}\big(\Psi_1(\boldsymbol{y}^T; \boldsymbol{x}''^T); \\ \ldots \Psi_m(\boldsymbol{y}^T, \boldsymbol{x}''^T), x_{m+1}, \ldots, x_n\big) \cdot |I(\boldsymbol{y}, \boldsymbol{x}'')|. \end{aligned} \tag{2.18}$$

Wenn endlich $m > n$ und die Gleichung (2.12) bezüglich der x_i eindeutig lösbar ist $\big(\boldsymbol{y}' = (y_1, \ldots, y_n)^T$ und $\boldsymbol{y}^T = (\boldsymbol{y}'^T, y_{n+1}, \ldots, y_m)\big)$

$$x_i = \Psi_i(y_1, \ldots, y_n) = \Psi_i(\boldsymbol{y}'^T), \qquad i = 1, 2, \ldots, n,$$

dann erhält man aus (2.13) mit $\xi_i = \varphi_i(\boldsymbol{x}^T)$ $(i = 1, \ldots, n)$

$$p_{m,y}(y_1, \ldots, y_m) = \int_{-\infty}^{\infty} \mathrm{d}\xi_1 \ldots \int_{-\infty}^{\infty} \mathrm{d}\xi_n \cdot p_{n,x}\big(\Psi_1(\boldsymbol{\xi}^T), \ldots \Psi_n(\boldsymbol{\xi}^T)\big)$$
$$\times |I(\boldsymbol{\xi})| \cdot \delta(y_1 - \xi_1) \times \cdots \times \delta(y_n - \xi_n)$$
$$\times \delta\big(y_{n+1} - \Psi_{n+1}(\boldsymbol{\xi}^T)\big) \times \cdots \times \delta\big(y_m - \Psi_m(\xi^T)\big)$$

bzw.

$$p_{m,y}(y_1, \ldots, y_m) = p_{n,x}\big(\Psi_1(\boldsymbol{y}'^T), \ldots \Psi_n(\boldsymbol{y}'^T)\big) \cdot |I(\boldsymbol{y})|$$
$$\times \delta\big(y_{n+1} - \Psi_{n+1}(\boldsymbol{y}'^T)\big) \times \cdots \times \delta\big(y_m - \Psi_m(\boldsymbol{y}'^T)\big), \quad (2.19)$$

wobei für $i = n + 1, n + 2, \ldots, m$

$$\Psi_i(\boldsymbol{y}'^T) = \varphi_i\big(\Psi_1(\boldsymbol{y}'^T), \ldots, \Psi_n(\boldsymbol{y})\big).$$

Wenn die Gleichung (2.12) keine eindeutige Lösung bezüglich $\boldsymbol{x}$ bzw. $\boldsymbol{x}'$ besitzt, muß wie im Falle einer Variablen der Integrationsbereich in Intervalle unterteilt werden, innerhalb derer eindeutige Lösungen existieren. Anstelle der Ausdrücke (2.15), (2.18) oder (2.19) treten dann die entsprechenden Summen auf.

Für praktische Belange sind die Formeln (2.15), (2.18) und (2.19) häufig schwierig zu handhaben, da es speziell im Fall nichtlinearer Transformationen in der Regel nicht gelingt, die entsprechenden Lösungen der Gleichung (2.12) zu finden. Außerdem führt die Untergliederung des Integrationsbereiches in Intervalle eindeutiger Lösbarkeit häufig selbst dann zu Unbequemlichkeiten, wenn die Lösung von (2.12) angegeben werden kann. Aus diesem Grunde wollen wir noch die Methode der charakteristischen Funktion angeben, mit deren Hilfe die erwähnten Schwierigkeiten mitunter umgangen werden können.

Die charakteristische Funktion des Zufallsvektors $\boldsymbol{y} = \boldsymbol{\varphi}(\boldsymbol{x})$ ist

$$h_{m,y}(i\lambda_1, \ldots, i\lambda_m) = h_{m,y}(i\boldsymbol{\lambda}^T) = \left\langle \mathrm{e}^{i \sum\limits_{k=1}^{m} \lambda_k \cdot y_k} \right\rangle$$

bzw. unter Beachtung der Vertauschbarkeit der Mittelung über $\boldsymbol{y}$ und $\boldsymbol{x}$

$$h_{m,y}(i\lambda_1, \ldots, i\lambda_m)$$

$$= \int_{-\infty}^{\infty} dx_1 \ldots \int_{-\infty}^{\infty} dx_n \cdot p_{n,x}(x_1, \ldots, x_n) \cdot e^{i\sum_{k=1}^{m} \lambda_k \cdot \varphi_k(x_1, \ldots, x_n)}$$

$$= \left\langle e^{i\sum_{k=1}^{m} \lambda_k \cdot \varphi_k(x_1, \ldots, x_n)} \right\rangle. \tag{2.20}$$

Für die Wahrscheinlichkeitsdichte des Vektors $\boldsymbol{y}$ gilt somit

$$p_{m,y}(y_1, \ldots, y_m)$$

$$= \frac{1}{(2\pi)^m} \int_{-\infty}^{\infty} d\lambda_1 \ldots \int_{-\infty}^{\infty} d\lambda_m \, e^{-i\sum_{l=1}^{m} \lambda_l \cdot y_l} \int_{-\infty}^{\infty} dx_1 \ldots \int_{-\infty}^{\infty} dx_n$$

$$\times \, e^{i\sum_{k=1}^{m} \lambda_k \cdot \varphi_k(x_1, \ldots, x_n)} \cdot p_{n,x}(x_1, \ldots, x_n). \tag{2.21}$$

Integriert man zuerst über $\boldsymbol{y}$, so erhält man wieder (2.13). Ist jedoch die Verteilung $p_{n;x}(x_1, \ldots, x_n)$ explizit bekannt, so bringt die Integration zuerst über $\boldsymbol{x}$ und dann über $\boldsymbol{y}$ manchmal wesentliche Vereinfachungen mit sich. Für viele Fälle genügt es außerdem, nur die charakteristische Funktion zu bestimmen, die ja die gleiche Information über die statistischen Eigenschaften des Zufallsvektors wie die Wahrscheinlichkeitsdichte enthält.

Beispiel:

Zur Illustration wollen wir die n-dimensionale charakteristische Funktion eines Rauschprozesses $Y = X^2$ berechnen, wenn $X(t)$ eine Gaussverteilte Zufallsfunktion darstellt. Mit den Bezeichnungen $Y_i = Y(t_i)$; $X_i = X(t_i)$ und den Vektoren $\boldsymbol{X} = (X_1, \ldots, X_n)^T$; $\boldsymbol{Y} = (Y_1, \ldots, Y_n)^T$ sowie der Diagonalmatrix $\boldsymbol{P} = \{\delta_{k,l}$

$\times\, p_k\}_{n,n}$ $(p_k = i\lambda_k)$ gilt

$$h_{n,y}(p_1, \ldots, p_n) = \left\langle \exp \sum_{k=1}^{n} p_k \cdot y_k \right\rangle = \left\langle \exp \sum_{k=1}^{n} p_k \cdot x_k^2 \right\rangle$$

bzw.

$$h_{n,y}(p_1, \ldots, p_n) = \frac{1}{\sqrt{(2\pi)^n \cdot \operatorname{Det} \boldsymbol{K}_2}} \int_{-\infty}^{\infty} \mathrm{d}x_1 \ldots \int_{-\infty}^{\infty} \mathrm{d}x_n \exp$$

$$\times \left[-\frac{1}{2}(\boldsymbol{x} - \boldsymbol{S})^T \cdot \boldsymbol{Q}(\boldsymbol{x} - \boldsymbol{S}) + \boldsymbol{x}^T \boldsymbol{P} \boldsymbol{x}\right],$$

wobei $\boldsymbol{K}_2 = \boldsymbol{Q}^{-1}$ — die Korrelationsmatrix von $\boldsymbol{X}$ und $\boldsymbol{S}$ — der entsprechende Mittelwert sind $(s_i = \langle X_i \rangle)$. Substituiert man $\boldsymbol{Z} = \boldsymbol{X} - (\boldsymbol{Q} - 2\boldsymbol{P})^{-1} \cdot \boldsymbol{Q} \cdot \boldsymbol{S}$, so wird

$$h_{n,y}(p_1, \ldots, p_n) = \frac{1}{\sqrt{(2\pi)^n \operatorname{Det} \boldsymbol{K}_2}} \int_{-\infty}^{\infty} \mathrm{d}z_1 \ldots \int_{-\infty}^{\infty} \mathrm{d}z_n \exp$$

$$\times \left[-\frac{1}{2} \boldsymbol{Z}^T(\boldsymbol{Q} - 2\boldsymbol{P})\, \boldsymbol{Z} - \frac{1}{2} \boldsymbol{S}^T \boldsymbol{Q} \boldsymbol{S} + \frac{1}{2} \boldsymbol{S}^T \boldsymbol{Q}(\boldsymbol{Q} - 2\,\boldsymbol{P})^{-1}\, \boldsymbol{Q} \boldsymbol{S}\right]$$

$$= \frac{1}{\sqrt{\operatorname{Det} \boldsymbol{K}_2 \cdot \operatorname{Det}(\boldsymbol{Q} - 2\boldsymbol{P})}} \cdot \exp\left[\boldsymbol{S}^T\left(\boldsymbol{P} + 2\boldsymbol{P}(\boldsymbol{Q} - 2\boldsymbol{P})^{-1}\boldsymbol{P}\right)\boldsymbol{S}\right]$$

$$= \frac{1}{\sqrt{\operatorname{Det}(\boldsymbol{E} - 2\boldsymbol{P}\boldsymbol{K}_2)}} \cdot \exp\left[\boldsymbol{S}^T \boldsymbol{Q}\, (\boldsymbol{Q} - 2\boldsymbol{P})^{-1}\, \boldsymbol{P} \boldsymbol{S}\right]$$

($\boldsymbol{E}$ — Einheitsmatrix).

Die Korrelationsfunktionen von $Y(t)$ können folgendermaßen bestimmt werden (s. Kap. III in [12])

$$k_{1,y}(t) = \left.\frac{\partial \ln h_{1,y}(p)}{\partial p}\right|_{p=0} = s^2(t) + k_{2,x}(t, t)$$

$$k_{2,y}(t_1, t_2) = \left.\frac{\partial^2 \ln h_{2,y}(p_1, p_2)}{\partial p_1 \cdot \partial p_2}\right|_{p_1 = p_2 = 0}$$

$$= 2k_{2,x}(t_1, t_2)\, [2s(t_1)\, s(t_2) + k_{2,x}(t_1, t_2)]. \qquad \text{usw.}$$

wobei die Beziehung

$$Q(Q - 2P)^{-1} P = P + 2PK_2P + 2^2PK_2PK_2P + 2^3PK_2PK_2\,PK_2\,P + \cdots$$

von Nutzen ist.

Obwohl hier einer der seltenen Fälle vorliegt, in denen die n-dimensionale charakteristische Funktion einer nichtlinear transformierten Funktion exakt bestimmt werden kann, ist die Berechnung der Korrelationsfunktionen höherer Ordnung mit erheblichem Rechenaufwand verbunden, so daß selbst in diesem einfachen Beispiel die Zweckmäßigkeit geeigneter Näherungsverfahren sichtbar wird.

2.3. Lineare Vierpole bei stochastischen Eingangssignalen

Komplizierte dynamische Systeme lassen sich häufig als Kombination linearer Vierpole und trägheitsloser Nichtlinearitäten darstellen. Außerdem ist der lineare

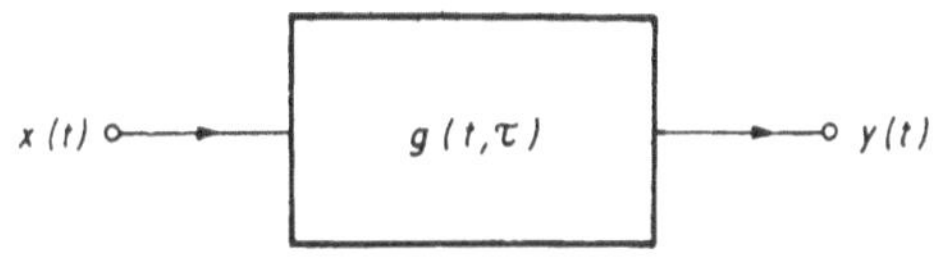

Abb. 6. Schematische Darstellung eines linearen Vierpols (sind X und Y elektrische Zustandsgrößen, so werden in der Regel zwei Eingangs- und zwei Ausgangsklemmen gezeichnet, im anderen Fall nur je eine)

Vierpol ein so weit verbreitetes Objekt, daß seine Behandlung als stochastisches System durchaus von selbständigem Interesse ist.

Bezeichnen wir das stochastische Eingangssignal mit $X(t)$ und die stochastische Vierpolreaktion mit $Y(t)$ (s. Abb. 6).

Die N-dimensionale Wahrscheinlichkeitsdichte des Eingangssignals wird als bekannt vorausgesetzt, ebenso seine charakteristische Funktion ($p_s = i \cdot \lambda_s$)

$$h_{N,x}(p_1, \ldots, p_N, t_1, \ldots, t_N) = \int_{-\infty}^{\infty} \mathrm{d}x_1 \ldots \int_{-\infty}^{\infty} \mathrm{d}x_N \times \exp\left[\sum_{s=1}^{N} p_s \cdot x_s\right] \cdot p_{N,x}(x_1, \ldots, x_N, t_1, \ldots, t_N). \quad (2.22)$$

Der Prozeß am Ausgang des Vierpols — $Y(t)$ — kann nach (1.26) mit Hilfe der Impulsübertragungsfunktion $g(t, \tau)$ beschrieben werden, wenn der Vierpol zum Zeitpunkt $t = t_0$ in Ruhe war:

$$Y(t) = \int_{t_0}^{\infty} g(t, \tau)\, X(\tau)\, \mathrm{d}\tau \qquad \text{mit} \qquad g(t, \tau) = 0 \quad \text{für} \quad \tau > t. \quad (2.23)$$

Zu bestimmen sind die statistischen Beschreibungsgrößen des Ausgangsprozesses $Y(t)$, die z. B. aus der M-dimensionalen charakteristischen Funktion des Ausgangssignals abgeleitet werden können.

Die charakteristische Funktion des Ausgangsprozesses kann nach den Ausführungen des vorhergehenden Abschnitts leicht berechnet werden, wenn wir an Stelle des Funktionalzusammenhanges (2.23) die Funktionstransformation

$$\tilde{Y}(t) = \sum_{s=1}^{N} g(t, \tau_s) \cdot X(\tau_s) \cdot \Delta\tau_s, \qquad \Delta\tau_s = \tau_s - \tau_{s-1} \quad (2.24)$$

setzen. Für $\Delta\tau_s \to 0$ strebt $\tilde{Y}(t)$ gegen den Vierpolausgangsprozeß $Y(t)$, wenn der Eingangsprozeß $X(t)$ im quadratischem Mittel stetig ist (s. [12] Kap. IV).

Die charakteristische Funktion des Prozesses $Y(t)$ ist

$$h_{M,\tilde{Y}}(q_1, \ldots, q_M, t_1, \ldots, t_M) = \left\langle \exp\left[\sum_{i=1}^{M} q_i \tilde{Y}_i\right]\right\rangle;$$

$$\tilde{Y}_i = \tilde{Y}(t_i),$$

bzw. unter Beachtung von (2.24)

$$h_{M,\tilde{Y}}(q_1, \ldots, q_M, t_1, \ldots, t_M) = \left\langle \exp\left[\sum_{i=1}^{M} q_i \sum_{s=1}^{N} g(t_i, \tau_s) \cdot X_s \cdot \Delta\tau_s\right]\right\rangle. \quad (2.25)$$

Andererseits läßt sich die charakteristische Funktion des Eingangssignals definitionsgemäß schreiben als

$$h_{N,x}(p_1, \ldots, p_N, \tau_1, \ldots, \tau_N) = \left\langle \exp \sum_{s=1}^{N} p_s \cdot X_s \right\rangle,$$

wobei wie in (2.25) die Mittelung über die X_s erfolgt. Vergleicht man den letzten Ausdruck mit (2.25), so sieht man, daß für $p_s = \sum_{i=1}^{M} q_i g(t_i, \tau_s) \cdot \Delta\tau_s$ die rechten und mithin auch die linken Seiten einander gleich werden. Demzufolge erhält man den gesuchten Zusammenhang zwischen den charakteristischen Funktionen des Eingangsprozesses $X(t)$ und des Hilfsprozesses $\tilde{Y}(t)$

$$h_{M,\tilde{Y}}(q_1, \ldots, q_M, t_1, \ldots, t_M) = h_{N,x}\left(\sum_{i=1}^{M} q_i g(t, \tau_1) \cdot \Delta\tau_1 \ldots \sum_{i=1}^{M} q_i g(t_i, \tau_N) \cdot \Delta\tau_N, \tau_1, \ldots, \tau_N\right), \quad (2.26)$$

aus dem sich Beziehungen zwischen den Momenten- bzw. Korrelationsfunktionen beider Prozesse ableiten lassen. Mit der Reihendarstellung der charakteristischen Funktion nach [12] Kap. III für beide Seiten von (2.26) gilt z. B.

$$\begin{aligned}
&\exp\left[\sum_{\nu=1}^{\infty} \frac{1}{\nu!} \sum_{s_1=1}^{M} \cdots \sum_{s_\nu=1}^{M} k_{\nu,\tilde{Y}}(t_{s_1}, \ldots, t_{s_\nu}) \cdot q_{s_1} \times \cdots \times q_{s_\nu}\right] \\
&= \exp\left[\sum_{\nu=1}^{\infty} \frac{1}{\nu!} \sum_{r_1=1}^{N} \cdots \sum_{r_\nu=1}^{N} k_{\nu,x}(\tau_{r_1}, \ldots, \tau_{r_\nu}) \cdot \sum_{s_1=1}^{M} q_{s_1} \cdot g(t_{s_1}, \tau_{r_1})\right. \\
&\qquad \left. \times \Delta\tau_{r_1} \times \cdots \sum_{s_\nu=1}^{M} q_{s_\nu} \cdot g(t_{s_\nu}, \tau_{r_\nu}) \cdot \Delta\tau_{r_\nu}\right]
\end{aligned}$$

oder, wenn man die Summen umordnet,

$$\exp\left[\sum_{\nu=1}^{\infty}\frac{1}{\nu!}\sum_{s_1=1}^{M}\cdots\sum_{s_\nu=1}^{M}k_{\nu,\tilde{Y}}(t_{s_1},\ldots,t_{s_\nu})\cdot q_{s_1}\times\cdots\times q_{s_\nu}\right]$$

$$=\exp\left[\sum_{\nu=1}^{\infty}\frac{1}{\nu!}\sum_{s_1=1}^{M}\cdots\sum_{s_\nu=1}^{M}\left\{\sum_{r_1=1}^{N}\cdots\sum_{r_\nu=1}^{N}g(t_{s_1},\tau_{r_1})\times\cdots\times g(t_{s_\nu},\tau_{r_\nu})\right.\right.$$
$$\left.\left.\times\, k_{\nu,x}(\tau_{r_1},\ldots,\tau_{r_\nu})\cdot\Delta\tau_{r_1}\times\cdots\times\Delta\tau_{r_\nu}\right\}\cdot q_{s_1}\times\cdots\times q_{s_\nu}.\right.$$

Gleichung (2.27) ist für beliebige q_{s_j} erfüllt. Das bedeutet, daß die Koeffizienten bei gleichen Produkten $q_{s_1}\times\cdots\times q_{s_\nu}$ einander gleich sein müssen

$$k_{\nu,\tilde{Y}}(t_{s_1},\ldots,t_{s_\nu})=\sum_{r_1=1}^{N}\cdots\sum_{r_\nu=1}^{N}g(t_{s_1},\tau_{r_1})\times\cdots\times g(t_{s_\nu},\tau_{r_\nu})$$
$$\times\, k_{\nu,x}(\tau_{r_1},\ldots,\tau_{r_\nu})\cdot\Delta\tau_{r_1}\times\cdots\times\Delta\tau_{r_\nu}. \tag{2.27}$$

Setzt man voraus, daß für $\Delta\tau_r\to 0$ und $N\to\infty$ die Integralsumme (2.24) im quadratischen Mittel gegen den durch (2.23) definierten Ausgangsprozeß $Y(t)$ konvergiert, dann strebt $k_{\nu,\tilde{Y}}(t_1,\ldots,t_\nu)$ gegen die Korrelationsfunktion $k_{\nu,y}(t_1,\ldots,t_\nu)$ des Vierpolausgangsprozesses, und der Grenzübergang in (2.27) ergibt

$$k_{s,y}(t_1,\ldots,t_s)=\int_{t_0}^{\infty}\mathrm{d}\tau_1\ldots\int_{t_0}^{\infty}\mathrm{d}\tau_s\, g(t_1,\tau_1)\times\cdots\times g(t_s,\tau_s)$$
$$\times\, k_{s,x}(\tau_1,\ldots,\tau_s). \tag{2.28}$$

Die untere Integrationsgrenze kann durch $-\infty$ ersetzt werden, wenn das Eingangssignal $X(t)$ für $t<t_0$ identisch Null ist und beachtet wird, daß in diesem Falle $k_{s,x}(\tau_1,\ldots,\tau_s)=0$ für $\tau_i<t_0$.

Die Momentenfunktionen des Ausgangsprozesses lassen sich genau so wie die Korrelationsfunktionen bestimmen, wenn man die Reihenzerlegung der charakteristischen

Funktion nach Momentenfunktionen heranzieht

$$m_{s,y}(t_1, \ldots, t_s) = \int_{t_0}^{\infty} \mathrm{d}\tau_1 \ldots \int_{t_0}^{\infty} \mathrm{d}\tau_s\, g(t_1, \tau_1) \times \cdots \times g(t_s, \tau_s) \times m_{s,x}(\tau_1, \ldots, \tau_s). \tag{2.22}$$

Zur Ableitung der Momenten- bzw. Korrelationsfunktionen des Vierpolausgangsprozesses muß man nicht unbedingt den Umweg über die charakteristische Funktion gehen, besonders dann, wenn man sich wie in der Korrelationsanalyse mit den Korrelationsfunktionen niedriger Ordnung begnügt. Tatsächlich läßt sich ja unter der Voraussetzung, daß die Integralsumme (2.24) für $\Delta\tau_s \to 0$ und $N \to \infty$ im quadratischen Mittel gegen das Integral (2.23) strebt, Integration und Mittelwertbildung vertauschen, so daß z. B. nach (2.23)

$$\langle Y(t)\rangle = m_{1,y}(t) = k_{1,y}(t) = \int_{t_0}^{\infty} g(t, \tau) \cdot \langle X(\tau)\rangle \,\mathrm{d}\tau = \int_{t_0}^{\infty} g(t, \tau) \cdot m_{1,x}(\tau)\,\mathrm{d}\tau .$$

Die Momentenfunktion zweiter Ordnung ergibt sich nach Mittelung über folgenden Ausdruck

$$Y(t) \cdot Y(t') = \int_{t_0}^{\infty} \mathrm{d}\tau \int_{t_0}^{\infty} \mathrm{d}\tau'\, g(t, \tau) \cdot g(t', \tau')\, X(\tau) \cdot X(\tau')$$

zu

$$m_{2,y}(t, t') = \int_{t_0}^{\infty} \mathrm{d}\tau \int_{t_0}^{\infty} \mathrm{d}\tau'\, g(t, \tau) \cdot g(t', \tau') \cdot \langle X(\tau) \cdot X(\tau')\rangle = \int_{t_0}^{\infty} \mathrm{d}\tau \int_{t_0}^{\infty} \mathrm{d}\tau'\, g(t, \tau)\, g(t', \tau') \cdot m_{2,x}(\tau, \tau')$$

usw. Für die Korrelationsfunktion zweiter Ordnung erhält man durch Kombination der Formeln für $m_{1,y}$ und $m_{2,y}$

mit $k_{2,y}(t, t') = m_{2,y}(t, t') - m_{1,y}(t) \cdot m_{1,y}(t')$

$$\begin{aligned} k_{2,y}(t, t') &= \int_{t_0}^{\infty} \mathrm{d}\tau \int_{t_0}^{\infty} \mathrm{d}\tau' \, g(t, \tau) \cdot g(t', \tau') \\ &\quad \times \langle [X(\tau) \cdot X(\tau') - \langle X(\tau) \rangle \cdot \langle X(\tau') \rangle] \rangle \\ &= \int_{t_0}^{\infty} \mathrm{d}\tau \int_{t_0}^{\infty} \mathrm{d}\tau' \, g(t, \tau) \cdot g(t', \tau') \cdot k_{2,x}(\tau, \tau'). \end{aligned}$$

Analog lassen sich die Korrelationsfunktionen höherer Ordnung bestimmen, jedoch scheint uns die auf [16] zurückgehende angegebene Ableitung mit Hilfe der charakteristischen Funktion in diesem Fall wesentlich eleganter zu sein.

Gleichung (2.28) beschreibt den Zusammenhang zwischen den statistischen Beschreibungsgrößen des Vierpoleingangs- und Ausgangsprozesses. Damit ist gleichfalls die charakteristische Funktion des Ausgangsprozesses gegeben

$$\begin{aligned} & h_{N,y}(p_1, \ldots, p_N, t_1, \ldots, t_N) \\ &= \exp\left[\sum_{s=1}^{\infty} \frac{1}{s!} \sum_{k_1=1}^{N} \cdots \sum_{k_s=1}^{N} k_{s,y}(t_{k_1}, \ldots, t_{k_s}) \cdot p_{k_1} \times \cdots \times p_{k_s}\right], \end{aligned}$$

aus der zumindest im Prinzip die Wahrscheinlichkeitsdichte bestimmt werden kann. Wesentlich ist, daß die Momenten- bzw. Korrelationsfunktion k-ter Ordnung des Ausgangsprozesses nur von der entsprechenden Beschreibungsgröße k-ter Ordnung des Eingangsprozesses abhängt. Für nichtlineare Vierpole wird im allgemeinen Fall die Korrelationsfunktion k-ter Ordnung von allen Eingangskorrelationsfunktionen beeinflußt, wodurch natürlich die Rechnungen entsprechend kompliziert werden. Das gleiche gilt selbstverständlich auch für die Momentenfunktionen.

2.4. Lineare stationäre Vierpole bei stationären Eingangssignalen

Ein weit verbreiteter Sonderfall des linearen Vierpols ist der stationäre lineare Vierpol, der z. B. als elektrisches Netzwerk mit linearen, konzentrierten, zeitunabhängigen Schaltelementen zum Grundinventar fast jedes nachrichten- oder regelungstechnischen Systems gehört. Für lineare stationäre Vierpole gilt $g(t, \tau) = g(t - \tau)$. Wenn das Eingangssignal ebenfalls stationär ist

$$k_{s,x}(\tau_1, \tau_2, \ldots, \tau_s) = k'_{s,x}(\tau_2 - \tau_1, \ldots, \tau_s - \tau_1)$$

(den Strich bei der Korrelationsfunktion des stationären Prozesses werden wir im weiteren weglassen), dann stellt $Y(t)$ wieder einen stationären Prozeß dar. Tatsächlich hängt die Korrelationsfunktion $k_{s,y}(t_1, \ldots, t_s)$ nur von Zeitdifferenzen ab, da

$$\begin{aligned} k_{s,y}(t_1, \ldots, t_s) = \int_{-\infty}^{\infty} \mathrm{d}\tau_1 \ldots \int_{-\infty}^{\infty} \mathrm{d}\tau_s \cdot g(t_1 - \tau_1) \times \cdots \times g(t_s - \tau_s) \\ \times\, k_{s,x}(\tau_2 - \tau_1, \ldots, \tau_s - \tau_1) \end{aligned}$$

bzw. nach Substitution $t_i - \tau_i = \tau_i'$

$$\begin{aligned} k_{s,y}(t_1, \ldots, t_s) &= \int_{-\infty}^{\infty} \mathrm{d}\tau_1 \ldots \int_{-\infty}^{\infty} \mathrm{d}\tau_s \cdot g(\tau_1) \times \cdots \times g(\tau_s) \\ &\quad \times k_{s,x}(t_2 - t_1 + \tau_1 - \tau_2, \ldots, t_s - t_1 + \tau_1 - \tau_s) \\ &= k'_{s,y}(t_2 - t_1, \ldots, t_s - t_1). \end{aligned} \tag{2.30}$$

Ein Prozeß kann natürlich nur stationär sein, wenn er bei $-\infty$ begann, d. h., die unteren Integrationsgrenzen sind $-\infty$.

In der Regel hat man es jedoch bei nachrichten- und regelungstechnischen Aufgaben nicht mit streng stationären Eingangsprozessen zu tun, sondern mit Prozessen, die sich als Summe aus determiniertem Anteil $\langle X(t)\rangle = s(t)$ (in den meisten Fällen das Nutzsignal) und stationärem Rauschanteil $X_0(t) = X(t) - \langle X(t)\rangle = n(t)$ (Störsignal) darstellen lassen: $X(t) = s(t) + n(t)$. Das zentrierte Eingangssignal $X_0(t) = n(t)$ ist stationär, so daß alle Korrelationsfunktionen des Ausgangssignals mit Ausnahme des Mittelwertes $\langle Y(t)\rangle = k_{1,y}(t)$ der Gleichung (2.30) genügen, lediglich muß für $k_{1,y}(t)$ gesetzt werden

$$k_{1,y}(t) = \int_{-\infty}^{\infty} \mathrm{d}\tau\, g(\tau) \cdot k_{1,x}(t-\tau) = \int_{-\infty}^{\infty} \mathrm{d}\tau\, g(\tau) \cdot s(t-\tau).$$

Bei Verwendung der Spektraldichten s-ter Ordnung

$$S_s(j\omega_1, \dots, j\omega_s) = \int_{-\infty}^{\infty} \mathrm{d}\tau_1 \dots \int_{-\infty}^{\infty} \mathrm{d}\tau_s \cdot \mathrm{e}^{-j(\omega_1\cdot\tau_1+\dots+\omega_s\cdot\tau_s)} \times k_{s+1}(\tau_1, \dots, \tau_s)$$

sowie der Vierpolübertragungsfunktion $G(j\omega) = \int_{-\infty}^{\infty} \mathrm{d}\tau\, \mathrm{e}^{-j\omega\tau} \times g(\tau)$ kann Gleichung (2.30) in den Spektralbereich überführt werden

$$S_{s,y}(j\omega_1, \dots, j\omega_s) = G(-j\omega_1 - j\omega_2, \dots, -j\omega_s) \times G(j\omega_1) \times \dots \times G(j\omega_s) \cdot S_{s,x}(j\omega_1, \dots, j\omega_s). \quad (2.31)$$

Anhand der letzten Gleichung wollen wir auf eine interesssante Tatsache hinweisen, die ein übriges Mal den Charakter bestimmter statistischer Beschreibungsgrößen stationärer Prozesse als phasenunabhängig kennzeichnet: Nehmen wir an, daß es sich um einen GAUSSschen Eingangsprozeß handelt, d. h., $k_{s,x}(\tau_1, \dots, \tau_{s-1}) = 0$ für $s > 2$, und er außerdem den Mittelwert Null besitze. Die einzige von Null verschiedene Ausgangskorrelationsfunktion ist dann $k_{2,y}(\tau)$. Wichtig ist nun, daß ein und dieselbe Korrelationsfunktion des Ausgangssignals bei gleichem Eingangssignal durch verschiedene Vierpole erzeugt werden kann, da im betrachteten Fall die Phasencharakteristik des Vierpols die statistischen Eigenschaften des Ausgangsprozesses überhaupt nicht beeinflußt. Vierpole mit gleicher Amplitudencharakteristik aber verschiedenen Phasencharakteristika sind also äquivalent bezüglich der Übertragung GAUSSscher Eingangssignale. Allpaßfilter, für die $G(j\omega) = G_0 \cdot e^{j\Psi(\omega)}$, bewirken außer einer Maßstabstransformation überhaupt keine Änderung der statistischen Eigenschaften des Eingangsprozesses.

Übrigens kann man sich anhand von (2.31) leicht davon überzeugen, daß jeder reelle stationäre GAUSS-Prozeß mit gebrochen rationalem Spektrum und verschwindendem Mittelwert als Reaktion eines linearen, stationären Vierpols auf einen deltakorrelierten GAUSS-Prozeß dargestellt werden kann.

Tatsächlich ist ja die Spektralleistungsdichte eines reellen stationären GAUSS-Prozesses reell (s. [12] Kap. V)

$$S_{1,y}(j\omega) = S_{1,y}(-j\omega), \tag{2.32}$$

d. h., da $S_{1,y}(j\omega)$ voraussetzungsgemäß eine gebrochen rationale Funktion ist, muß sie sich in der Form

$$S_{1,y}(j\omega) = \frac{\sum\limits_{\nu=0}^{m} a_{2\nu} \cdot (j\omega)^{2\nu}}{\sum\limits_{\mu=0}^{n} b_{2\mu} \cdot (j\omega)^{2\mu}} \tag{2.33}$$

darstellen lassen, dabei gilt $m \leqq n$, da das Spektrum außer für weißes Rauschen im Unendlichen verschwindet.

Bekanntlich läßt sich die nur von $(j\omega)^2$ abhängende gebrochen rationale Funktion (2.33) als Produkt schreiben

$$S_{1,y}(j\omega) = H(j\omega) \cdot H(-j\omega), \tag{2.34}$$

wobei

$$H(j\omega) = \frac{\sum\limits_{\nu=0}^{m} \alpha_\nu \cdot (j\omega)^\nu}{\sum\limits_{\mu=0}^{n} \beta_\mu \cdot (j\omega)^\mu} \quad \text{und} \quad \begin{aligned} a_{2\nu} &= \sum_{s=0}^{2\nu} \alpha_s \cdot \alpha_{2\nu-s} \cdot (-1)^s, \\ b_{2\mu} &= \sum_{s=0}^{2\mu} \beta_s \cdot \beta_{2\mu-s} \cdot (-1)^s. \end{aligned} \tag{2.35}$$

Legt man andererseits an den Eingang eines stationären Vierpols mit der Impulsübertragungsfunktion $G(j\omega)$ einen weißen Gaussschen Rauschprozeß mit der Korrelationsfunktion $k_{2,x}(\tau) = \frac{N_0}{2} \cdot \delta(\tau)$ und Null-Mittelwert an, so wird nach (2.31) die Spektralleistungsdichte des Ausgangsprozesses gleich

$$S_{1,y}(j\omega) = G(j\omega) \cdot G(-j\omega) \cdot \frac{N_0}{2}. \tag{2.36}$$

Setzen wir

$$H(j\omega) = \sqrt{\frac{N_0}{2}}\, G(j\omega), \tag{2.37}$$

so ist die Äquivalenz zwischen Vierpolausgangsreaktion auf weißes Gussches Rauschen und Gaussschen Rauschprozeß mit gebrochen rationalem Spektrum hergestellt, die wir insbesondere bei der Behandlung von Systemen mit Hilfe des Apparates der Markow-Prozesse benötigen.

Beispiel:

Es soll die Korrelationsfunktion des Prozesses am Ausgang des in Abb. 7 gezeigten linearen Filters berechnet werden, wenn der Eingangsprozeß weißes Gausssches Rauschen darstellt:

$$k_{2,x}(\tau) = \frac{N_0}{2}\, \delta(\tau).$$

Die Filterübertragungsfunktion des Vierpols ist

$$G(j\omega) = \frac{1 + j\omega\tau_0}{1 + j\omega\tau_1}; \quad \tau_0 = R_2 \cdot C; \quad \tau_1 = (R_1 + R_2)\, C.$$

Dann gilt nach (2.31)

$$S_{1,y}(j\omega) = \frac{N_0}{2} \cdot \frac{1 + \omega^2\tau_0^2}{1 + \omega^2\tau_1^2} = \frac{N_0}{2} \left[\frac{\tau_0^2}{\tau_1^2} + \frac{1 - \frac{\tau_0^2}{\tau_1^2}}{1 + \omega^2\tau_1^2} \right]$$

und

$$k_{2,y}(\tau) = \frac{1}{2\pi} \int_{-\infty}^{\infty} d\omega \, S_{1,y}(j\omega) \, e^{j\omega\tau}$$

$$= \frac{N_0}{2} \left[\frac{\tau_0^2}{\tau_1^2} \cdot \delta(\tau) + \frac{1}{2\tau_1} \left(1 - \frac{\tau_0^2}{\tau_1^2}\right) \cdot e^{-\frac{|\tau|}{\tau_1}} \right].$$

Dieses Beispiel läßt schon die wesentlichsten Struktureigenschaften der Korrelationsfunktion eines durch weißes GAUSSsches Rauschen erzeugten Vierpolausgangsprozesses erkennen: Enthält die Partialbruchzerlegung

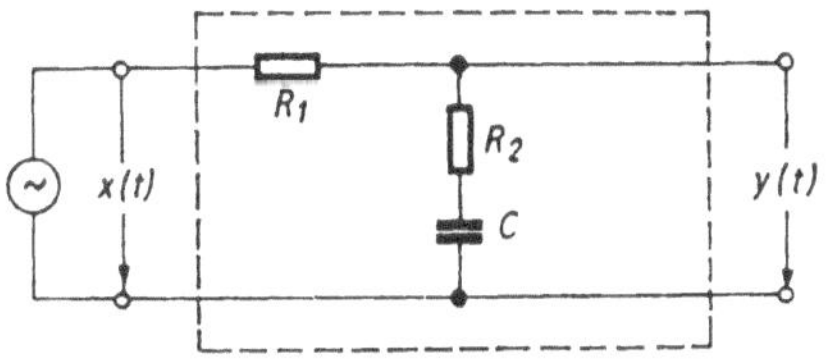

Abb. 7. Vierpolfilter (Beispiel)

des Spektrums einen frequenzunabhängigen Anteil (in unserem Falle $\frac{N_0}{2} \cdot \frac{\tau_0^2}{\tau_1^2}$), so tritt ein Deltaanteil in der Korrelationsfunktion auf. Besitzt die Vierpolübertragungsfunktion weiterhin nur einfache Pole p_i in der linken Halbebene, so enthält das System Partialbruchanteile der Art $(\omega^2 + p_i^2)^{-1}$ und die Korrelationsfunktion die entsprechenden Terme der Form $e^{-\alpha_i|\tau|} \cdot \cos \beta_i \tau$ bzw. $e^{-\alpha_i|\tau|} \cdot \sin |\beta_i \tau|$ (für reelle p_i wird $\beta_i = 0$). Der Deltaanteil erscheint nur dann, wenn die Übertragungsfunktion für $|\omega| \to \infty$ nicht gegen Null strebt, d. h., wenn die Spektralanteile des weißen Rauschens bei sehr hohen Frequenzen noch mit von Null verschiedener Verstärkung übertragen werden.

Alle tiefpaßgefilterten weißen GAUSS-Prozesse enthalten demzufolge keinen Deltaanteil mehr.

2.5. Berechnung der Wahrscheinlichkeitsdichte bei bekannter charakteristischer Funktion – die Quasimomentenfunktionen

Im vorigen Abschnitt wurde gezeigt, wie die Korrelations- bzw. Momentenfunktionen eines linearen Vierpols errechnet werden können. Auch für nichtlineare Systeme gelingt es mitunter, die Ausgangsmomente zu bestimmen. In beiden Fällen steht uns dann die charakteristische Funktion zur Beschreibung der statistischen Eigenschaften des Ausgangsprozesses zur Verfügung. Häufig wird jedoch die entsprechende n-dimensionale Verteilungsdichte benötigt, um z. B. die Mittelwerte nichtlinearer Transformationen des Ausgangsprozesses errechnen zu können. Hier soll ein auf KUSNETZOW u. a. [17] zurückgehendes Verfahren zur Bestimmung der Wahrscheinlichkeitsdichte kurz skizziert werden, das gerade in den Fällen, in denen die charakteristische Funktion in Form ihrer Reihendarstellung nach Korrelationsfunktionen gegeben ist, verwendet werden kann.

Die n-dimensionale Verteilungsdichte ist

$$p_n(x_1, \ldots, x_n, t_1, \ldots, t_n)$$
$$= \frac{1}{(2\pi)^n} \int\limits_{-\infty}^{\infty} \mathrm{d}\lambda_1 \ldots \int\limits_{-\infty}^{\infty} \mathrm{d}\lambda_n \exp\left[-\sum_{s=1}^{n} i\lambda_s \cdot x_s\right]$$
$$\times h_n(i\lambda_1, \ldots, i\lambda_n, t_1, \ldots, t_n), \tag{2.38}$$

wobei die charakteristische Funktion voraussetzungsgemäß in der Form

$$h_n(i\lambda_1, \ldots, i\lambda_n, t_1, \ldots, t_n)$$
$$= \exp\left[i \sum_{\alpha_1=1}^{n} k_1(t_{\alpha_1})\, \lambda_{\alpha_1} + \frac{i^2}{2} \sum_{\alpha_1=1}^{n} \sum_{\alpha_2=1}^{n} k_2(t_{\alpha_1}, t_{\alpha_2}) \cdot \lambda_{\alpha_1} \cdot \lambda_{\alpha_2}\right.$$
$$\left. + \sum_{s=3}^{\infty} \frac{i^s}{s!} \sum_{\alpha_1=1}^{n} \cdots \sum_{\alpha_s=1}^{n} k_s(t_{\alpha_1}, \ldots, t_{\alpha_s}) \cdot \lambda_{\alpha_1} \times \cdots \times \lambda_{\alpha_s}\right]$$

gegeben sein soll. Um die Integration (2.38) durchführen zu können, wird von der charakteristischen Funktion der Term $\exp\left[\sum_{s=3}^{\infty} \frac{i}{s!} \sum_{\alpha_1} \cdots \sum_{\alpha_s} \cdots\right]$ abgespalten und in eine TAYLOR-Reihe nach den λ_i zerlegt:

$$\exp\left[\sum_{s=3}^{\infty} \frac{i^s}{s!} \sum_{\alpha_1=1}^{n} \cdots \sum_{\alpha_s=1}^{n} k_s(t_{\alpha_1}, \ldots, t_{\alpha_s}) \cdot \lambda_{\alpha_1} \times \cdots \times \lambda_{\alpha_s}\right]$$

$$= \sum_{s=0}^{\infty} \frac{i^s}{s!} \sum_{\alpha_1=1}^{n} \cdots \sum_{\alpha_s=1}^{n} b_s(t_{\alpha_1}, \ldots, t_{\alpha_s}) \cdot \lambda_{\alpha_1} \times \cdots \times \lambda_{\alpha_s}. \tag{2.39}$$

Die Zerlegungskoeffizienten $b_s(t_{\alpha_1}, \ldots, t_{\alpha_s})$ werden als Quasimomentenfunktionen bezeichnet und lassen sich durch Vergleich der Koeffizienten bei gleichen $\lambda_{\alpha_1} \cdot \lambda_{\alpha_2} \times \cdots \times \lambda_{\alpha_s}$ in der rechtsseitig stehenden Summe und in der Reihenentwicklung des linken Teils bestimmen

$$\begin{aligned} b_0 &= 1, \\ b_1 &= 0, \\ b_2 &= 0, \\ b_3(t_1, t_2, t_3) &= k_3(t_1, t_2, t_3), \\ b_4(t_1, t_2, t_3, t_4) &= k_4(t_1, t_2, t_3, t_4), \\ &\ldots\ldots\ldots \end{aligned} \tag{2.40}$$

Die Quasimomentenfunktionen stimmen ab $b_6(t_1, \ldots, t_6)$ nicht mehr mit den entsprechenden Korrelationsfunktionen überein, z. B. treten in b_6 zusätzlich zu $k_6(t_1, \ldots, t_6)$ noch Glieder der Art $k_3(t_i, t_j, t_k) \cdot k_3(t_{\alpha_1}, t_{\beta_1}, t_\gamma)$ auf. Auf Grund der Invarianz der Korrelationsfunktionen gegenüber Vertauschung der Argumente weisen die $b_s(t_{\alpha_1}, \ldots, t_{\alpha_s})$ aber offensichtlich die gleiche Eigenschaft auf

$$b_s(t_1, \ldots, t_k, \ldots t_e, \ldots t_s) = b_s(t_1, \ldots t_e, \ldots t_k, \ldots t_s). \tag{2.41}$$

Mit den eingeführten Quasimomentenfunktionen wird die Wahrscheinlichkeitsdichte unter Berücksichtigung von (2.39) gleich

$$p_n(x_1, \ldots, x_n, t_1, \ldots, t_n) = \frac{1}{(2\pi)^n} \int\limits_{-\infty}^{\infty} \mathrm{d}\lambda_1 \ldots \int\limits_{-\infty}^{\infty} \mathrm{d}\lambda_n$$

$$\times \left[1 + \sum_{s=3}^{\infty} \frac{i^s}{s!} \sum_{\alpha_1=1}^{n} \cdots \sum_{\alpha_s=1}^{n} b_s(t_{\alpha_1}, \ldots, t_{\alpha_s}) \cdot \lambda_{\alpha_1} \times \cdots \times \lambda_{\alpha_s}\right]$$

$$\times \exp\left[-i \sum_{\alpha=1}^{n} \lambda_\alpha \cdot x_\alpha\right]$$

$$\times \exp\left[i \sum_{\alpha_1=1}^{n} k_1(t_{\alpha_1}) \cdot \lambda_{\alpha_1} + \frac{i^2}{2} \sum_{\alpha_1=1}^{n} \sum_{\alpha_2=1}^{n} k_2(t_{\alpha_1}; t_{\alpha_2}) \cdot \lambda_{\alpha_1} \cdot \lambda_{\alpha_2}\right]$$

$$= \frac{1}{(2\pi)^n} \int\limits_{-\infty}^{\infty} \mathrm{d}\lambda_1 \ldots \int\limits_{-\infty}^{\infty} \mathrm{d}\lambda_n \left[1 + \sum_{s=3}^{\infty} \frac{i^s}{s!} \sum_{\alpha_1=1}^{n} \cdots \sum_{\alpha_s=1}^{n} b_s(t_{\alpha_1}, \ldots, t_{\alpha_s})\right.$$

$$\left.\times \left(-\frac{1}{i} \frac{\partial}{\partial x_{\alpha_1}}\right) \times \cdots \times \left(-\frac{1}{i} \frac{\partial}{\partial x_{\alpha_s}}\right)\right] \cdot \exp\left[-i \sum_{\alpha=1}^{n} \lambda_\alpha \cdot x_\alpha\right]$$

$$\times \exp\left[i \sum_{\alpha_1=1}^{n} k_1(t_{\alpha_1}) \cdot \lambda_{\alpha_1} + \frac{i^2}{2} \sum_{\alpha_1=1}^{n} \sum_{\alpha_2=1}^{n} k_2(t_{\alpha_1}; t_{\alpha_2}) \cdot \lambda_{\alpha_1} \cdot \lambda_{\alpha_2}\right].$$

Vertauscht man Integration und Summation, so sieht man, daß die Integration in die Rücktransformation der charakteristischen Funktion einer GAUSS-Verteilung übergeht (s. [12], Kap. VII). Es gilt folglich

$$p_n(x_1, \ldots, x_n, t_1, \ldots, t_n)$$

$$= \left[1 + \sum_{s=3}^{\infty} \frac{1}{s!} \sum_{\alpha_1=1}^{n} \cdots \sum_{\alpha_s=1}^{n} b_s(t_{\alpha_1}, \ldots, t_{\alpha_s}) \cdot \left(-\frac{\partial}{\partial x_{\alpha_1}}\right) \times \cdots\right.$$

$$\left.\times \left(-\frac{\partial}{\partial x_{\alpha_s}}\right)\right] \cdot \frac{1}{\sqrt{(2\pi)^n \operatorname{Det} \boldsymbol{K}_2}}$$

$$\times \exp\left[-\frac{1}{2} \sum_{\alpha_1=1}^{n} \sum_{\alpha_2=1}^{n} \left(x_{\alpha_1} - k_1(t_{\alpha_1})\right) \cdot q_{\alpha_1, \alpha_2} \cdot \left(x_{\alpha_2} - k_1(t_{\alpha_2})\right)\right],$$

wobei $\boldsymbol{K}_2$ die Korrelationsmatrix des nichtgaußschen Prozesses $x(t)$ und q_{α_1,α_2} die Koeffizienten der zu $\boldsymbol{K}_2$ inversen Matrix $\boldsymbol{Q} = \{q_{\alpha_1,\alpha_2}\}_{n,n}$ sind. Zur Vereinfachung der weiteren Schreibweise setzen wir $x(t) - k_2(t) = x_0(t)$. Die Ausdrücke $\left(-\frac{\partial}{\partial x_{\alpha_1}}\right) \times \cdots \times \left(-\frac{\partial}{\partial x_{\alpha_s}}\right) e^{-\frac{1}{2}\sum\sum_{k,l=1}^{n} x_{0,k} \cdot q_{k,l} \cdot x_{0,l}}$ lassen sich mit Hilfe der durch die Matrix $\boldsymbol{Q}$ erzeugten verallgemeinerten hermiteschen Polynome umformen

$$\left(-\frac{\partial}{\partial x_{\alpha_1}}\right) \times \cdots \times \left(\frac{\partial}{\partial x_{\alpha_s}}\right) \exp\left[-\frac{1}{2}\sum_{k=1}^{n}\sum_{l=1}^{n} x_{0,k} \cdot q_{k,l} \cdot x_{0,l}\right]$$

$$= H^{\boldsymbol{Q}}_{\alpha_1,\ldots,\alpha_s}(x_{0,1}, \ldots, x_{0,n}) \cdot \exp\left[-\frac{1}{2}\sum_{k=1}^{n}\sum_{l=1}^{n} x_{0,k} \cdot q_{k,l} \cdot x_{0,l}\right],$$

da

$$H^{\boldsymbol{Q}}_{\alpha_1,\ldots,\alpha_s}(x_1, \ldots, x_n)$$

$$= \exp\left[\frac{1}{2}\sum_{k=1}^{n}\sum_{l=1}^{n} x_k \cdot q_{k,l} \cdot x_l\right] \cdot \left(-\frac{\partial}{\partial x_{\alpha_1}}\right) \times \cdots \times \left(-\frac{\partial}{\partial x_{\alpha_s}}\right)$$

$$\times \exp\left[-\frac{1}{2}\sum_{k=1}^{n}\sum_{l=1}^{n} x_k \cdot q_{k,l} \cdot x_l\right]. \tag{2.42}$$

Für die Wahrscheinlichkeitsdichte erhält man endgültig

$$p_n(x_1, \ldots, x_n, t_1, \ldots, t_n)$$

$$= \frac{1}{\sqrt{(2\pi)^n \operatorname{Det} \boldsymbol{K}_2}} \exp\left[-\frac{1}{2}\sum_{k=1}^{n}\sum_{l=1}^{n} x_{0,k} \cdot q_{k,l} \cdot x_{0,l}\right]$$

$$\times \left[1 + \sum_{s=3}^{\infty} \frac{1}{s!} \sum_{\alpha_1=1}^{n} \cdots \sum_{\alpha_s=1}^{n} b_s(t_{\alpha_1}, \ldots, t_{\alpha_s}) \cdot H^{\boldsymbol{Q}}_{\alpha_1,\ldots,\alpha_s}(x_{0,1}, \ldots x_{0,n})\right]. \tag{2.43}$$

Die hermiteschen Polynome $H^{\boldsymbol{Q}}_{\alpha_1,\ldots,\alpha_s}(x_1, \ldots, x_s)$ können nach (2.42) in der Form

$$H^{\boldsymbol{Q}}_{\alpha_1,\ldots,\alpha_s}(\boldsymbol{x}^T) = \exp\left[\frac{\boldsymbol{x}^T\boldsymbol{Q}\boldsymbol{x}}{2}\right] \cdot \left(-\frac{\partial}{\partial x_{\alpha_s}}\right) \exp\left[-\frac{\boldsymbol{x}^T\boldsymbol{Q}\boldsymbol{x}}{2}\right]$$

$$\times \exp\left[\frac{\boldsymbol{x}^T\boldsymbol{Q}\boldsymbol{x}}{2}\right] \cdot \left(-\frac{\partial}{\partial x_{\alpha_{s-1}}}\right) \times \cdots \times \left(-\frac{\partial}{\partial x_{\alpha_1}}\right) \cdot \exp\left[-\frac{\boldsymbol{x}^T\boldsymbol{Q}\boldsymbol{x}}{2}\right]$$

dargestellt werden $\left(\boldsymbol{x}^T = (x_1, \ldots, x_n)\right)$, woraus sofort die Rekursionsbeziehung folgt

$$\begin{aligned} H^Q_{\alpha_1,\ldots,\alpha_s}(\boldsymbol{x}^T) &= H^Q_{\alpha_s}(\boldsymbol{x}^T) \cdot H^Q_{\alpha_1,\ldots,\alpha_{s-1}}(\boldsymbol{x}^T) - \frac{\partial}{\partial x_{\alpha_s}} H^Q_{\alpha_1\ldots\alpha_{s-1}}(\boldsymbol{x}^T) \\ &= \left(H^Q_{\alpha_s}(\boldsymbol{x}^T) - \frac{\partial}{\partial x_{\alpha_s}}\right) \cdot H^Q_{\alpha_1\ldots\alpha_{s-1}}(\boldsymbol{x}^T), \end{aligned} \tag{2.44}$$

die sukzessive aufgelöst werden kann

$$\begin{aligned} H^Q_{\alpha_1,\ldots,\alpha_s}(\boldsymbol{x}^T) = \left(H^Q_{\alpha_s} - \frac{\partial}{\partial x_{\alpha_s}}\right) \cdot \left(H^Q_{\alpha_{s-1}} - \frac{\partial}{\partial x_{\alpha_{s-1}}}\right) \times \cdots \\ \times \left(H^Q_{\alpha_2} - \frac{\partial}{\partial x_{\alpha_2}}\right) \cdot H^Q_{\alpha_1}. \end{aligned} \tag{2.45}$$

Mit $\varphi_\alpha(\boldsymbol{x}^T) = \sum_{k=1}^{n} q_{k,\alpha} \cdot x_k$ werden die ersten verallgemeinerten hermiteschen Polymere gleich $(q_{k,l} = q_{l,k})$

$$\begin{aligned} H^Q_\alpha(\boldsymbol{x}^T) &= \sum_{k=1}^{n} q_{k,\alpha} \cdot x_k = \varphi_\alpha(\boldsymbol{x}^T), \\ H^Q_{\alpha_1,\alpha_2} &= \varphi_{\alpha_1} \cdot \varphi_{\alpha_2} - q_{\alpha_1,\alpha_2}, \\ H^Q_{\alpha_1,\alpha_2,\alpha_3} &= \varphi_{\alpha_1} \cdot \varphi_{\alpha_2} \cdot \varphi_{\alpha_3} - q_{\alpha_1,\alpha_2} \cdot \varphi_{\alpha_3} - q_{\alpha_1,\alpha_3} \cdot \varphi_{\alpha_2} \\ &\quad - q_{\alpha_2,\alpha_3} \cdot \varphi_{\alpha_1}, \\ H^Q_{\alpha_1,\alpha_2,\alpha_3,\alpha_4} &= \varphi_{\alpha_1} \cdot \varphi_{\alpha_2} \cdot \varphi_{\alpha_3} \cdot \varphi_{\alpha_4} - q_{\alpha_1,\alpha_2} \cdot \varphi_{\alpha_3} \cdot \varphi_{\alpha_4} \\ &\quad - q_{\alpha_1,\alpha_3} \cdot \varphi_{\alpha_2} \cdot \varphi_{\alpha_4} - q_{\alpha_1,\alpha_4} \cdot \varphi_{\alpha_2} \cdot \varphi_{\alpha_3} \\ &\quad - q_{\alpha_2,\alpha_3} \cdot \varphi_{\alpha_1} \cdot \varphi_{\alpha_4} - q_{\alpha_2,\alpha_4} \cdot \varphi_{\alpha_1} \cdot \varphi_{\alpha_3} \\ &\quad - q_{\alpha_3,\alpha_4} \cdot \varphi_{\alpha_1} \cdot \varphi_{\alpha_2} - q_{\alpha_1,\alpha_2} \cdot q_{\alpha_3,\alpha_4} \\ &\quad - q_{\alpha_1,\alpha_3} \cdot q_{\alpha_2,\alpha_4} - q_{\alpha_1,\alpha_4} \cdot q_{\alpha_2,\alpha_3}. \end{aligned} \tag{2.46}$$

Die eindimensionale Wahrscheinlichkeitsdichte $(n = 1)$ läßt sich nach den gewöhnlichen hermiteschen Polynomen $H_n(x)$ zerlegen, die nicht mehr von $q_{1,1}$ abhängen

$$H_n(x) = \mathrm{e}^{\frac{x^2}{2}} \cdot \left(-\frac{\mathrm{d}}{\mathrm{d}x}\right)^n \cdot \mathrm{e}^{-\frac{x^2}{2}}. \tag{2.47}$$

Das durch $q_{1,1}$ erzeugte hermitesche Polynom $H^{q_{1,1}}_{1,\ldots,1}(x)$ kann nämlich durch das gewöhnliche hermitesche Polynom ausgedrückt werden

$$H^{q_{1,1}}_{1,\ldots,1}(x) = e^{\frac{q_{1,1}x^2}{2}} \cdot \left(-\frac{d}{dx}\right)^n \cdot e^{-\frac{q_{1,1}\cdot x^2}{2}} = (q_{1,1})^{\frac{n}{2}} \cdot H_n\left(\sqrt{q_{1,1}} \cdot x\right),$$

so daß

$$p_1(x; t) = \frac{1}{\sqrt{2\pi} \cdot \sigma} \cdot e^{-\frac{x_0^2}{2\sigma^2}} \cdot \left[1 + \sum_{s=3}^{\infty} \frac{b_s'(t)}{s! \cdot \sigma^s} \cdot H_s\left(\frac{x_0}{\sigma}\right)\right] \tag{2.48}$$

mit $\sigma = \frac{1}{\sqrt{q_{1,1}}}$, $b_s'(t) = b_s(t, \ldots, t)$ und $x_0 = x - k_1(t)$.

Due Zerlegung der eindimensionalen Wahrscheinlichkeitsdichte nach hermiteschen Polynomen wird als EDGEWORTHsche Reihe bezeichnet.

Für $n \geqq 2$ muß beim Aufbau der entsprechenden Zerlegung die Symmetriebeziehung (2.41) in Betracht gezogen werden, die es gestattet, die Glieder, in denen gleiche Zeitargumente in gleicher Anzahl auftauchen, zusammenzufassen.

Der Nachteil der skizzierten Methode zur Berechnung der Wahrscheinlichkeitsdichte bei gegebenen Korrelationsfunktionen besteht darin, daß die Schwierigkeiten bei der Berechnung der durch (2.39) definierten Quasimomentenfunktionen mit steigender Ordnung schnell anwachsen. Deshalb wird man bei praktischen Rechnungen die Reihe (2.43) sehr bald abbrechen müssen und erhält nur einen Näherungsausdruck für die Wahrscheinlichkeitsdichte.

Zum Glück konvergiert die Reihenentwicklung (2.43) in der Regel sehr schnell, wenn die Wahrscheinlichkeitsdichte wenig von der GAUSS-Verteilung abweicht.

Interessant ist in diesem Zusammenhang, daß die GAUSS-Verteilung nach (2.43) als erste Näherung jeder (fast überall stetigen) Verteilungsdichte aufgefaßt werden kann. Unter Berücksichtigung der Ausführungen des folgenden Abschnitts wird damit verständlich, warum man in vielen Fällen die gesuchte Wahrscheinlichkeitsdichte eines durch nichtlineare Systeme erzeugten Prozesses als GAUSSsche Dichte annehmen und sich mit dieser Näherung zufrieden geben darf.

2.6. Normalisierung eines Rauschprozesses

Es soll untersucht werden, unter welchen Bedingungen das Ausgangssignal eines linearen Vierpols gegen einen GAUSSschen Rauschprozeß strebt. Dazu muß zuerst ein Maß für die Abweichung einer beliebigen Wahrscheinlichkeitsdichte von der Normalverteilung definiert werden.

Nehmen wir an, daß der Vierpolausgangsprozeß $Y(t)$ durch seine charakteristische Funktion in Form der Reihendarstellung

$$h_{n,y}(i\lambda_1, \ldots, i\lambda_n, t_1, \ldots, t_n)$$

$$= \exp\left[i \sum_{\alpha_1=1}^{n} k_{1,y}(t_{\alpha_1}) \cdot \lambda_{\alpha_1} + \frac{i^2}{2} \sum_{\alpha_1=1}^{n} \sum_{\alpha_2=1}^{n} k_{2,y}(t_{\alpha_1}, t_{\alpha_2}) \cdot \lambda_{\alpha_1} \cdot \lambda_{\alpha_2} \right.$$

$$\left. + \sum_{s=3}^{\infty} \frac{i^s}{s!} \sum_{\alpha_1=1}^{n} \cdots \sum_{\alpha_s=1}^{n} k_{s,y}(t_{\alpha_1}, \ldots, t_{\alpha_s}) \cdot \lambda_{\alpha_1} \times \cdots \times \lambda_{\alpha_s}\right] \quad (2.49)$$

gegeben sei. Für $n = 1$ steht im Exponenten $i\tilde{k}_{1,y} \cdot \lambda_1 + \frac{i^2}{2} \tilde{k}_{2,y} \cdot \lambda_1^2 + \frac{i^3}{3!} \tilde{k}_{3,y} \cdot \lambda_1^3 + \cdots \left(\tilde{k}_{s,y} = k_{s,y}(t, \ldots, t)\right)$. Je größer die Kumulanten $\tilde{k}_{s,y}$ im Vergleich zu $k_{2,y}$ sind, um so stärker ist die Abweichung von der GAUSS-Verteilung. Als Maß für die Abweichung bieten sich also im eindimensionalen Fall die normierten Kumulanten

$$\gamma_{s,y}(1) = \frac{|\tilde{k}_{s,y}|}{(\tilde{k}_{2,y})^{s/2}} = \frac{|\tilde{k}_{s,y}|}{\sigma_y^s}, \quad s = 3, 4, \ldots,$$

an, die es gestatten, die Abweichungen zweier Prozesse mit verschiedenen Streuungen miteinander zu vergleichen.

Ist $n > 1$, dann wird die Definition eines entsprechenden Maßes schon komplizierter, da jetzt Prozesse nicht nur verschiedener Streuungen, sondern auch mit verschiedenen normierten Korrelationsfunktionen zweiter Ordnung miteinander verglichen werden sollen. Man muß also ein Maß für die Abweichung der Funktionen

$$F_{s,y}(n) = \sum_{\alpha_1=1}^{n} \cdots \sum_{\alpha_s=1}^{n} k_{s,y}(t_{\alpha_1}, \ldots, t_{\alpha_s}) \cdot \lambda_{\alpha_1} \times \cdots \times \lambda_{\alpha_s}; \quad s > 2$$

von Null definieren, das bei großen Streuungen und Autokorrelationsfunktionen entsprechend stärkere Abweichungen für $F_s(n)$ zuläßt. Dazu bilden wir den Quotienten

$$\frac{\sum\limits_{\alpha_1=1}^{n} \cdots \sum\limits_{\alpha_s=1}^{n} k_{s,y}(t_{\alpha_1}, \ldots, t_{\alpha_s}) \cdot \lambda_{\alpha_1} \times \cdots \times \lambda_{\alpha_s}}{\left[\sum\limits_{\alpha_1=1}^{n} \sum\limits_{\alpha_2=1}^{n} k_{2,y}(t_{\alpha_1}, t_{\alpha_2}) \cdot \lambda_{\alpha_1} \cdot \lambda_{\alpha_2}\right]^{s/2}}$$

$$= \frac{\lambda_1^s \sum\limits_{\alpha_1=1}^{n} \cdots \sum\limits_{\alpha_s=1}^{n} k_{s,y}(t_{\alpha_1}, \ldots, t_{\alpha_s}) \cdot \dfrac{\lambda_{\alpha_1}}{\lambda_1} \times \cdots \times \dfrac{\lambda_{\alpha_s}}{\lambda_1}}{\lambda_1^s \left[\sum\limits_{\alpha_1=1}^{n} \sum\limits_{\alpha_2=1}^{n} k_{2,y}(t_{\alpha_1}, t_{\alpha_2}) \cdot \dfrac{\lambda_{\alpha_1}}{\lambda_1} \cdot \dfrac{\lambda_{\alpha_2}}{\lambda_1}\right]^{s/2}},$$

dessen Betrag den relativen Anteil der Korrelationen s-ter Ordnung in (2.49) charakterisiert. Bezeichnet man $\beta_i = \dfrac{\lambda_i}{\lambda_1}$, wobei $\beta_1 = 1$, und kennzeichnet die Abweichung durch den Maximalwert des Quotienten (bei Variation der $\beta_2, \ldots, \beta_s$), so ergeben sich die Maßgrößen $\gamma_s(n)$ zu

$$\gamma_{s,y}(n) = \max_{\beta_2,\ldots,\beta_s} \frac{\left|\sum\limits_{\alpha_1=1}^{n} \cdots \sum\limits_{\alpha_s=1}^{n} k_{s,y}(t_{\alpha_1}, \ldots, t_{\alpha_s}) \cdot \beta_{\alpha_1} \times \cdots \times \beta_{\alpha_s}\Big|_{\beta_1=1}\right|}{\left[\sum\limits_{\alpha_1=1}^{n} \sum\limits_{\alpha_2=1}^{n} k_{2,y}(t_{\alpha_1}, t_{\alpha_2}) \cdot \beta_{\alpha_1} \cdot \beta_{\alpha_2}\Big|_{\beta_1=1}\right]^{s/2}}. \tag{2.50}$$

Die n-dimensionale Verteilung ist eine GAUSSsche Verteilung, wenn $\gamma_{s,y}(n) = 0$ für $s > 2$. Für die Verwendung der Maßgrößen (2.50) spricht auch folgendes Argument:

$$Z_n = Y(t_1) + \beta_2 \cdot Y(t_2) + \cdots + \beta_n Y(t_n)$$

ist normalverteilt, wenn die n-dimensionale Verteilung der $Y(t_i)$ eine GAUSSsche Verteilung ist. Sind die Streuungen und Autokorrelationsfunktionen der $Y(t_i)$ beträchtlich, so wird die Streuung von Z_n entsprechend wachsen. Weicht die n-dimensionale Verteilung der $Y(t_i)$ stark von der Normalverteilung ab, so unterscheidet sich die eindimensionale Verteilung von Z_n entsprechend von der GAUSSschen.

Als Maß für die Abweichung der n-dimensionalen Verteilung von der Normalverteilung eignet sich also die Größe

$$\gamma_{s,z}(1) = \max_{\beta_2,\ldots\beta_n} \frac{|\tilde{k}_{s,z}|}{\sigma_z^{\,s}},$$

die unter Beachtung von (2.26) bzw. (2.27) $\left(M = 1;\ g(t, \tau_i)\, \Delta\tau_i \to \beta_i\right)$ mit (2.50) identisch ist.

Für $n = 1$ gilt

$$\gamma_{s,y}(1) = \frac{|k_{s,y}(t_1, \ldots, t_1)|}{[k_{2,y}(t_1, t_1)]^{s/2}}. \tag{2.51}$$

Bei $n = 2$ erhält man unter Berücksichtigung der Symmetrieeigenschaften der Korrelationsfunktionen

$$\gamma_{s,y}(2) = \max_{\beta_2} \frac{\left|\sum_{r=0}^{s} k_{s,y}(t_1, \ldots, t_1, \overbrace{t_2, \ldots, t_2}^{r\text{-mal}}) \cdot \binom{s}{r} \cdot \beta_2^{\,r}\right|}{[k_{2,y}(t_1, t_1) + 2\beta_2 \cdot k_{2,y}(t_1, t_2) + \beta_2^{\,2} k_{2,y}(t_2, t_2)]^{s/2}}, \tag{2.52}$$

wobei

$$\binom{s}{r} = \frac{s!}{r!(s-r)!}.$$

Wenn für alle $s > 2$ $\gamma_{s,y}(n) < \gamma_{s,x}(n)$, wobei $\gamma_{s,x}(n)$ die Abweichung der n-dimensionalen Verteilung des Vierpoleingangsprozesses von der Normalverteilung charakterisiert, dann spricht man von einer durch den Vierpol hervorgerufenen Normalisierung der n-dimensionalen Verteilung des Eingangsprozesses.

Bevor wir uns Abschätzungen des Normalisierungsgrades zuwenden, ist es zweckmäßig, die Gründe für eine derartige Erscheinung zu untersuchen.

Offensichtlich läßt sich der Vierpolausgangsprozeß $Y(t)$ näherungsweise als gewichtete Summe der Abtastwerte des Eingangsprozesses $X(t)$ darstellen

$$Y(t) = \int_{t_0}^{t} \mathrm{d}\tau\, g(t, \tau) \cdot X(\tau) \approx \sum_{i=0}^{N} g(t, \tau_i) \cdot X(\tau_i) \cdot \Delta$$

mit $\tau_0 = t_0, N = \dfrac{t - t_0}{\Delta}, \quad \tau_i = \tau_0 + i \cdot \Delta$.

Wären die $X(\tau_i) = X_i$ statistisch voneinander unabhängig und die Anzahl der zu berücksichtigenden Komponenten genügend groß, so könnten wir auf Grund des zentralen Grenzwertsatzes (s. Kap. 7 in [12]) erwarten, daß $Y(t)$ eine GAUSSverteilte Zufallsgröße ist. Für ein gegebenes Δ ist aber die Bedingung der statistischen Unabhängigkeit (bzw. schwachen Abhängigkeit) der X_i um so eher erfüllt, je kleiner die Korrelationen zwischen verschiedenen X_i und Gruppen von ihnen sind, d. h., je geringer die Korrelationsdauer und die höheren Korrelationen zwischen den X_i sind. Andererseits ist bei gegebener Δ-Unterteilung des Zeitintervalls $[t_0, t]$ und genügend großem $|t - t_0|$ die Anzahl der Komponenten, die einen merklichen Beitrag zu $Y(t)$ liefern, um so größer, je langsamer $g(t, \tau)$ für $\tau \to -\infty$ gegen Null strebt. Die Änderungsgeschwindigkeit der Impulsübertragungsfunktion (s. Abb. 8) ist aber bekanntlich um so geringer, je größer die Zeitkonstante des Vierpols bzw. je kleiner seine Bandbreite ist.

Man darf demzufolge schlußfolgern, daß die Bedingungen des zentralen Grenzwertsatzes um so besser erfüllt werden, je größer die Vierpolzeitkonstante und je kleiner die Korrelationsintervalle des Vierpoleingangsprozesses sind.

Die gleichen Überlegungen lassen sich für die zwei- und mehrdimensionalen Verteilungen anstellen, wobei von den Bedingungen der entsprechenden zentralen Grenzwertsätze (streng genommen für schwach abhänge) Zufallsgrößen auszugehen ist.

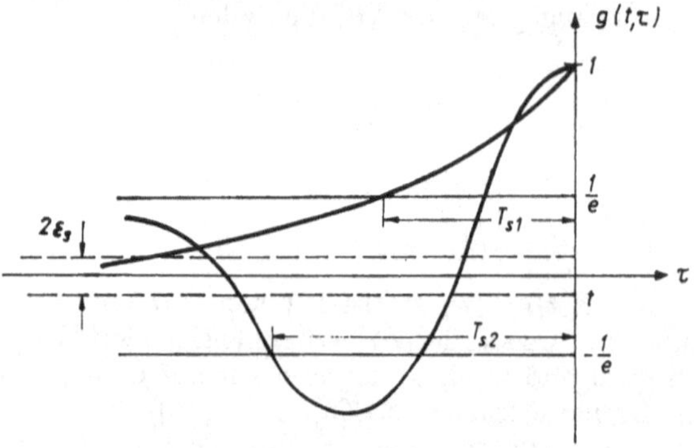

Abb. 8. Beispiele typischer Impulsübertragungsfunktionen (T_s — Systemzeitkonstante)

Will man den Grad der Annäherung an die GAUSS-Verteilung bestimmen, so müssen die $\gamma_{s,y}$ mit Hilfe der Ausdrücke (2.28) für die Korrelationsfunktionen des Vierpolausgangsprozesses errechnet werden:

$$k_{s,y}(t_1, \ldots, t_s) = \int_{-\infty}^{\infty} d\tau_1 \ldots \int_{-\infty}^{\infty} d\tau_s \, g(t_1, \tau_1) \times \cdots \times g(t_s, \tau_s) \times k_{s,x}(\tau_1, \ldots, \tau_s). \quad (2.53)$$

Unter der Voraussetzung, daß der Betrag der Korrelationsfunktion $k_{s,x}(\tau_1, \ldots, \tau_s)$ für alle τ_1 und für $|\tau_i - \tau_1|$

$> \tau_s^{(k)}$ $(i = 2, \ldots, s)$ vernachlässigbar klein wird und daß sich innerhalb des Zeitintervalls $\tau_s^{(k)}$ die Impulsübertragungsfunktion nicht merklich ändert, lassen sich die Abschätzungen des Normalisierungsgrades bedeutend vereinfachen. Etwas strenger formuliert soll also angenommen werden, daß für ein genügend kleines Zahlenpaar $\delta_s > 0$ und $\varepsilon_s > 0$ ein $\tau_s^{(k)}$ gefunden werden kann, für das erstens

$$\int_{|\tau_i - \tau_1| > \tau_s^{(k)}} \cdots \int d\tau_2 \ldots d\tau_s \cdot |k_{s,x}(\tau_1, \tau_2, \ldots, \tau_s)| \leqq \delta_s \quad (2.54)$$

und zweitens

$$|g(t, \tau \pm \tau_s^{(k)}) - g(t, \tau)| \leqq \varepsilon_s . \quad (2.55)$$

Intuitiv ist klar, daß die $\tau_s^{(k)}$ eng mit den Korrelationsintervallen zusammenhängen; in der Regel besitzen sie auch die gleiche Größenordnung wie die weiter unten eingeführten Korrelationszeiten.

Fällt die Korrelation zwischen den s Abtastwerten $X(\tau_1), X(\tau_1 + \Delta_1), \ldots, X(\tau_1 + \Delta_{s-1})$ bei wachsendem $|\Delta_i|$ $(i = 1, 2, \ldots, s - 1)$ genügend schnell ab, so ist die erste Bedingung (2.54) immer erfüllt. Allerdings kann das Zeitintervall $\tau_s^{(k)}$ dabei so groß sein, daß bei vorgegebenen ε_s die zweite Bedingung (2.55) nicht mehr eingehalten wird. Deshalb stellen beide Bedingungen zusammen eine Forderung sowohl an die Korrelationen des Eingangsprozesses als auch an die Vierpolübertragungsfunktion (genügend langsame Änderung) dar.

Die Korrelationsfunktion $k_{s,y}(\cdot)$ wird unter diesen Voraussetzungen ungefähr gleich

$$\begin{aligned} & k_{s,y}(t_1, \ldots, t_s) \\ \approx & \int_{-\infty}^{\infty} d\tau_1\, g(t_1, \tau_1) \int_{|\tau_2 - \tau_1| \leqq \tau_s^{(k)}} d\tau_2 \cdot g(t_2, \tau_2) \ldots \int_{|\tau_s - \tau_1| \leqq \tau_s^{(k)}} d\tau_s \cdot g(t_s, \tau_s) \\ & \times k_{s,x}(\tau_1, \ldots, \tau_s) \approx \int_{-\infty}^{\infty} d\tau_1\, g(t_1, \tau_1) \cdot g(t_2, \tau_1) \times \cdots \\ & \times g(t_s, \tau_1) \int_{|\tau_i - \tau_1| \leqq \tau_s^{(k)}} d\tau_2 \ldots \int d\tau_s k_{s,x}(\tau_1, \tau_2, \ldots, \tau_s) \end{aligned}$$

bzw. unter Beachtung von (2.54)

$$k_{s,y}(t_1, \ldots, t_s) \approx \int_{-\infty}^{\infty} \mathrm{d}\tau_1 \cdot g(t_1, \tau_1) \cdot g(t_2, \tau_1) \times \cdots$$
$$\times\, g(t_s, \tau_1) \int_{-\infty}^{\infty} \mathrm{d}\tau_2 \ldots \int_{-\infty}^{\infty} \mathrm{d}\tau_s\, k_{s,x}(\tau_1, \ldots, \tau_s). \qquad (2.56)$$

Für stationäre Vierpole und stationäre Eingangsprozesse ergeben sich weitere Vereinfachungen, da das Integral über $\mathrm{d}\tau_2 \times \cdots \times \mathrm{d}\tau_s$ nicht mehr von τ_1 abhängt.

$$k_{s,y}(t_1, \ldots, t_s) = k'_{s,y}(t_2 - t_1, \ldots, t_s - t_1)$$
$$= \int_{-\infty}^{\infty} \mathrm{d}\tau_1\, g(t_1 - \tau_1) \cdot g(t_2 - \tau_1) \times \cdots \times g(t_s - \tau_1)$$
$$\times \int_{-\infty}^{\infty} \mathrm{d}\tau_2 \ldots \int_{-\infty}^{\infty} \mathrm{d}\tau_s\, k'_{s,x}(\tau_2 - \tau_1, \ldots, \tau_s - \tau_1).$$

Mit den Substitutionen $t_i - t_1 = t'_{i-1}$ $(i = 2, \ldots, s)$ und $\tau_i - \tau_1 = \tau_i'$ sowie $t_1 - \tau_1 = \tau'$ wird (die Strichindizies bei τ_i werden im weiteren weggelassen)

$$k'_{s,y}(t_1', \ldots, t'_{s-1}) = \int_{-\infty}^{\infty} \mathrm{d}\tau \cdot g(\tau) \cdot g(\tau + t_1') \times \cdots$$
$$\times\; g(\tau + t'_{s-1}) \int_{-\infty}^{\infty} \mathrm{d}\tau_2 \ldots \int_{-\infty}^{\infty} \mathrm{d}\tau_s\, k'_{s,x}(\tau_2, \ldots, \tau_s). \qquad (2.57)$$

Werden jetzt wie in [16] Korrelationszeiten $\tau_{k,s}$ mit Hilfe der Beziehung

$$k_s'(0, \ldots, 0) \cdot (\tau_{k,s})^{s-1} = \int_{-\infty}^{\infty} \mathrm{d}\tau_1 \ldots \int_{-\infty}^{\infty} \mathrm{d}\tau_{s-1} \cdot k'(\tau_1, \ldots, \tau_{s-1}) \qquad (2.58)$$

eingeführt ($k_s'(0, \ldots, 0) = \tilde{k}_s$ — s-te Kumulante), dann erhält man mit (2.50) folgende Ausdrücke für $\gamma_{s,y}(n)$

$$\gamma_{s,y}(n) = \frac{|\tilde{k}_{s,x}|}{\sigma_x^s} \frac{(\tau_{k,s})^{s-1}}{(\tau_{k,2})^{s/2}}$$

$$\times \max_{\beta_2,\ldots,\beta_s} \frac{\left| \sum_{\alpha_1=1}^{n} \cdots \sum_{\alpha_s=1}^{n} \int_{-\infty}^{\infty} \mathrm{d}\tau \cdot g(\tau) \cdot g(\tau + t_{\alpha_2} - t_{\alpha_1}) \times \cdots \right.}{\left[\sum_{\alpha_1=1}^{n} \sum_{\alpha_2=1}^{n} \int_{-\infty}^{\infty} \mathrm{d}\tau \cdot g(\tau) \cdot g(\tau + t_{\alpha_2} - t_{\alpha_1}) \right.}$$

$$\frac{\left. \times\, g(\tau + t_{\alpha_s} - t_{\alpha_1}) \cdot \beta_{\alpha_1} \times \cdots \beta_{\alpha_s} \Big|_{\beta_1=1} \right|}{\left. \times\, \beta_{\alpha_1} \cdot \beta_{\alpha_2} \Big|_{\beta_1=1} \right]^{s/2}}. \tag{2.59}$$

Die $\tau_{k,s}$ sind hier die Korrelationszeiten des Eingangsprozesses.

Im eindimensionalen Fall wird

$$\gamma_{s,y}(1) = \frac{|\tilde{k}_{s,x}|}{\sigma_x^s} \frac{(\tau_{k,s})^{s-1}}{(\tau_{k,2})^{s/2}} \cdot \frac{\left| \int_{-\infty}^{\infty} \mathrm{d}\tau \cdot g^s(\tau) \right|}{\left[\int_{-\infty}^{\infty} \mathrm{d}\tau\, g^2(\tau) \right]^{s/2}}. \tag{2.60}$$

Für $n = 2$ läßt sich die Summation $\alpha_1, \ldots, \alpha_s$ leicht ausführen (s. auch 2.52)

$$\gamma_{s,y}(2) = \frac{|\tilde{k}_{s,x}|}{\sigma_x^s} \frac{(\tau_{k,s})^{s-1}}{(\tau_{k,2})^{s/2}}$$

$$\times \max_{\beta_2} \frac{\left| \int_{-\infty}^{\infty} \mathrm{d}\tau\, [g(\tau) + \beta_2 \cdot g(\tau + t_2 - t_1)]^s \right|}{\left[\int_{-\infty}^{\infty} \mathrm{d}\tau\, [g(\tau) + \beta_2 \cdot g(\tau + t_2 - t_1)]^2 \right]^{s/2}}. \tag{2.61}$$

Mit diesen Formeln kann zumindest der Normalisierungsgrad der beiden niederdimensionalen Verteilungen berechnet werden. Zur Illustration des Einflusses der Zeitkonstanten wollen wir jetzt ein einfaches R-C-Tiefpaßfilter mit der Übertragungsfunktion $G(j\omega) = G_0 \times (1 + j\omega \cdot T_0)^{-1}$ betrachten. Die Impulsübertragungsfunktion ist in diesem Falle gleich

$$g(\tau) = \begin{cases} \dfrac{G_0}{T_0} e^{-\frac{\tau}{T_0}} & \text{für} \quad \tau \geqq 0, \\ 0 & \text{für} \quad \tau < 0 \end{cases} \tag{2.62}$$

und $\int\limits_{-\infty}^{\infty} d\tau \cdot g^s(\tau) = G_0^s \cdot T_0^{-(s-1)} \cdot \dfrac{1}{s}$.

Für $n = 1$ gilt nach (2.60) somit

$$\gamma_{s,y}(1) = \frac{2}{s} \cdot \frac{|\bar{k}_{s,x}|}{\sigma_x^s} \cdot \left(\frac{\tau_{k,s}}{\tau_{k,2}}\right)^{s-1} \cdot \left(\frac{2\tau_{k,2}}{T_0}\right)^{\frac{s}{2}-1}. \tag{2.63}$$

Dieses einfache Beispiel zeigt deutlich den Einfluß der Vierpolzeitkonstanten T_0 auf den Normalisierungsprozeß: Mit wachsendem s werden die höheren Korrelationsfunktionen bei genügend großem T_0 immer stärker „gedämpft" und ihr Einfluß auf die Wahrscheinlichkeitsdichte immer geringer.

Die Normalisierungsbedingung der eindimensionalen Verteilung lautet in Übereinstimmung mit $\gamma_{s,y}(1) < \gamma_{s,x}(1)$

$$\left(\frac{T_0}{2\tau_{k,2}}\right)^{\frac{s}{2}-1} > \frac{2}{s} \cdot \left(\frac{\tau_{k,s}}{\tau_{k,2}}\right)^{s-1} \qquad \text{für alle } s > 2, \tag{2.64}$$

da $\gamma_{s,x}(1) = |\bar{k}_{s,x}| \cdot \sigma_x^{-s}$. Der Normalisierungsprozeß geht also um so schneller vor sich, je größer das Verhältnis von Systemzeitkonstante zur Korrelationszeit $\tau_{k,2}$ und je geringer die Quotienten aus den Korrelationszeiten höherer Ordnung $\tau_{k,s}$ und $\tau_{k,2}$ sind.

Häufig arbeitet man an Stelle der Zeitkonstanten T_0 mit der Rauschbandbreite B_R des Vierpols

$$2B_R = \frac{1}{2\pi} \cdot \int\limits_0^\infty \frac{|G(j\omega)|^2}{|G(j\omega)|^2_{\max}} \, d\omega = \frac{1}{|G|^2_{\max}} \cdot \int\limits_{-\infty}^\infty g^2(\tau) \cdot d\tau\,, \quad (2.65)$$

die in unserem Falle durch $B_R = (4T_0)^{-1}$ festgelegt und generell umgekehrt proportional zur Systemzeitkonstanten ist.

Der Normalisierungsgrad der zweidimensionalen Verteilung läßt sich im betrachteten Spezialfall einfach bestimmen. Es sei $t_2 - t_1 = t_2' > 0$. Der Integrationsbereich des in (2.61) figurierenden Integrals kann in drei Gebiete aufgespalten werden:

1. $\tau < -t_2'$ dabei gilt $g(\tau) + \beta_2 g(\tau + t_2') = 0$,
2. $-t_2' \leqq \tau < 0$ innerhalb dieses Intervalls ist $g(\tau) = 0$

und 3. $\tau > 0$. Das heißt

$$\int\limits_{-\infty}^{\infty} d\tau\, [g(\tau) + \beta_2 g(\tau + t_2')]^s$$

$$= \beta_2^s \int\limits_{-t_2'}^{0} d\tau\, g^s \cdot (\tau + t_2') + \int\limits_0^\infty d\tau\, [g(\tau) + \beta_2 \cdot g(\tau + t_2')]^s$$

$$= \frac{G_0^s}{T_0^s} \left[\frac{T_0}{s} \beta_2^s \cdot \left(1 - e^{-\frac{s \cdot t_2'}{T_0}}\right) + \frac{T_0}{s} \left(1 + \beta_2 e^{-\frac{t_2'}{T_0}}\right)^s \right]$$

bzw. mit $\alpha = e^{-\frac{t_2'}{T_0}}$

$$\gamma_{s,y}(2) = \frac{|\tilde{k}_{s,x}|}{\sigma_x^s} \cdot \frac{(\tau_{k,s})^{s-1}}{(\tau_{k,2})^{s/2}} \cdot \frac{2^{s/2}}{s \cdot T_0^{\left(\frac{s}{2}-1\right)}}$$

$$\times \max_{\beta_2} \frac{|(1 + \alpha \cdot \beta_2)^s + \beta_2^s(1 - \alpha^s)|}{[(1 + \alpha \cdot \beta_2)^2 + \beta_2^2(1 - \alpha^2)]^{s/2}}.$$

Das Maximum dieses Ausdruckes liegt bei

$$\beta_{2,\max} = \left[\left(\frac{1-\alpha^s}{1-\alpha^2}\right)^{\frac{1}{s-2}} - \alpha\right]^{-1},$$

so daß endgültig

$$\gamma_{s,y}(2) = \frac{2}{s}\cdot\frac{|\bar{k}_{s,x}|}{\sigma_x{}^s}\cdot\left(\frac{2\tau_{k,2}}{T_0}\right)^{\left(\frac{s}{2}-1\right)}\cdot\left(\frac{\tau_{k,s}}{\tau_{k,2}}\right)^{s-1}$$
$$\times\frac{1-\alpha^s}{\left[(1-\alpha^s)^{\frac{2}{s-2}} + (1-\alpha^2)^{\frac{s}{s-2}}\right]^{\frac{s-2}{2}}}. \qquad (2.66)$$

Für $t_2 - t_1 = t_2' < 0$ muß in dieser Formel $e^{-\frac{t_2'}{T_0}}$ durch $e^{\frac{t_2'}{T_0}}$ ersetzt werden. Ausdruck (2.66) gilt somit für beliebige $t_2 - t_1$, wenn man unter α folgende Größe versteht

$$\alpha = \exp\left[-\frac{|t_2 - t_1|}{T_0}\right]. \qquad (2.67)$$

In Abb. 9 ist die Abhängigkeit $\gamma_{s,y}(2)$ von $\alpha = e^{-\frac{|t_2'|}{T_0}}$ dargestellt. Mit wachsendem $\frac{|t_2'|}{T_0}$ bzw. mit fallendem α

$$f(\alpha) = \frac{1-\alpha^s}{\left[(1-\alpha^s)^{\frac{2}{s-2}} + (1-\alpha^2)^{\frac{s}{s-2}}\right]^{\frac{s-2}{2}}}$$

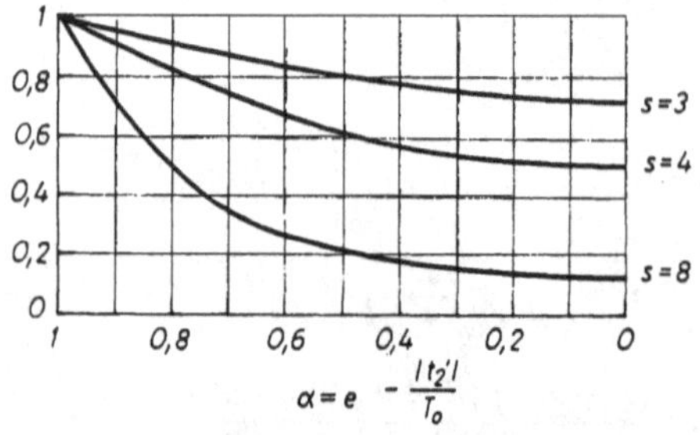

Abb. 9. Abhängigkeit des Normalisierungsmaßes $\gamma_{s,y}(2)$ von $\alpha = e^{-\frac{|t_2'|}{T_0}}$

streben die $\gamma_{s,y}(2)$ gegen ihren Minimalwert, und zwar umso schneller, je größer s ist. Wenn wir einmal annehmen, daß $|t_2'| = |t_2 - t_1|$ so groß sei, daß die beiden Abtastwerte $X(t_1)$ und $X(t_2)$ des Eingangsprozesses als statistisch voneinander unabhängig angenommen werden können

$$k_{s,x}(t_1, \ldots, t_1, \underbrace{t_2, \ldots, t_2}_{r\text{-mal}}) = 0 \quad \text{für } r \neq 0 \quad \text{und} \quad r \neq s,$$

dann ist

$$\gamma_{s,x}(2) = \frac{|\tilde{k}_{s,x}|}{\sigma_x{}^s} \cdot \frac{1}{2^{\left(\frac{s-2}{2}\right)}} \tag{2.68}$$

(das Maximum von $\gamma_{s,x}(2)$ wird hier bei $\beta_2 = 1$ erreicht). Der Normalisierungsgrad der zweidimensionalen Verteilung läßt sich unter diesen Voraussetzungen direkt durch den Normalisierungsgrad der eindimensionalen Verteilungsfunktion ausdrücken

$$\frac{\gamma_{s,y}(2)}{\gamma_{s,x}(2)} = \frac{\gamma_{s,y}(1)}{\gamma_{s,x}(1)} \cdot \frac{2^{\frac{s-2}{2}} \cdot (1 - \alpha^s)}{\left[(1 - \alpha^s)^{\frac{2}{s-2}} + (1 - \alpha^2)^{\frac{s}{s-2}}\right]^{\frac{s-2}{2}}}. \tag{2.69}$$

Der Faktor $2^{\frac{s-2}{2}} \cdot (1 - \alpha^s) \cdot \left[(1 - \alpha^s)^{\frac{2}{s-2}} + (1 - \alpha^2)^{\frac{s}{s-2}}\right]^{-\frac{s-2}{2}}$ ist für beliebige $|t_2'| > 0$ und $s > 2$ immer größer als Eins. Die Normalisierung der zweidimensionalen Verteilung geht also unter den getroffenen Voraussetzungen langsamer vor sich als die der eindimensionalen. Allerdings zeigt dieses Beispiel auch, daß die Normalisierungsschnelligkeiten der beiden niederdimensionalen Verteilungen nur schwach voneinander abweichen, da für große $\left|\frac{t_2'}{T_0}\right|$ der obige Quotient nur wenig von Eins abweicht, für kleine $|t_2'|$ hingegen die Voraussetzung $k_{s,x}(t_1, \ldots, t_1, \overbrace{t_2, \ldots, t_2}^{r\text{-mal}}) = 0$ für $r \neq 0$ und $r \neq s$ nicht mehr erfüllt ist und deshalb $\gamma_{s,x}(2)$ ebenfalls wächst.

Insgesamt kann man feststellen: Die höheren Korrelationsfunktionen werden durch den Vierpol stärker abgeschwächt als die niederen. Die Normalisierungsschnelligkeiten der höherdimensionalen Verteilungen liegen in der Regel in der gleichen Größenordnung wie die der eindimensionalen.

Mit diesen Aussagen ergibt sich eine gewisse Berechtigung für das bei der Analyse nichtlinearer Systeme häufig gehandhabte Verfahren des Abbruchs der Reihenentwicklung (2.43) bzw. des Logarithmus der charakteristischen Funktion. Der dabei gemachte Fehler wird umso geringer, je schmalbandiger das Filter ist, an dessen Ausgang der Prozeß betrachtet wird.

Zum Abschluß dieses Abschnittes sei noch bemerkt, daß nicht nur Tiefpaßfilter, sondern im gleichen Maße Bandpaßfilter eine Normalisierung der Eingangsprozesse bewirken. Mit etwas mehr Rechenaufwand lassen sich beispielsweise die Normalisierungsgrade eines Filters mit der Impulsübertragungsfunktion

$$g(\tau) = \begin{cases} G_0 \cdot e^{-\delta \cdot \tau} \cdot \left[\cos \omega_0 \tau + \dfrac{\delta}{\omega_0} \sin \omega_0 \tau\right] & \text{für } \tau \geqq 0, \\ 0 & \text{für } \tau < 0 \end{cases}$$

bzw. (2.70)

$$G(j\omega) = G_0 \cdot C \cdot \frac{R + j\omega L}{1 + j\omega RC + (j\omega)^2 \cdot L \cdot C} = 2 \cdot \delta \cdot G_0 \cdot \frac{1 + \dfrac{j\omega}{2\delta}}{\delta^2 + \omega_0^2 - \omega^2 + 2j\omega\delta}$$

bestimmen, das z. B. einem Transistor- oder Röhrenverstärker mit einfachem Parallelresonanzkreis im Kollektorkreis (Anodenkreis) entspricht. Hier ist

$$\delta = \frac{R}{2L}; \qquad \omega_0 = \sqrt{(L \cdot C)^{-1} - R^2(4L)^{-1}}.$$

Die 3dB-Bandbreite des Filters soll mit $B_{0,7}$ bezeichnet werden $\quad B_{0,7} \approx 2 \cdot \delta.$
Der Normalisierungsprozeß der eindimensionalen Verteilung wird in diesem Fall durch den Quotienten

$$\frac{\gamma_{s,y}(1)}{\gamma_{s,x}(1)} = \frac{(\tau_{k,s})^{s-1}}{(\tau_{k,2})^{s/2}} \times 2\left[\frac{1}{\delta} + \frac{\delta \cdot \cos 2\varphi_0 + \omega_0 \cdot \sin 2\varphi_0}{\delta^2 + \omega_0^2}\right]^{-\frac{s}{2}} \cdot \begin{cases} \displaystyle\sum_{r=0}^{\frac{s-1}{2}} \binom{s}{r} \frac{\delta \cdot s \cdot \cos (s-2r)\,\varphi_0 + \omega_0(s-2r) \cdot \sin (s-2r)\,\varphi_0}{(\delta \cdot s)^2 + \omega_0^2(s-2r)^2} & \text{für } s = 2k+1 \\ \displaystyle\sum_{r=0}^{\frac{s-2}{2}} \binom{s}{r} \frac{\delta \cdot s \cdot \cos (s-2r)\,\varphi_0 + \omega_0(s-2r) \sin (s-2r)\,\varphi_0}{(\delta \cdot s)^2 + \omega_0^2(s-2r)^2} + \frac{1}{2}\binom{s}{s/2} \cdot \frac{1}{\delta \cdot s} & \text{für } s = 2r \end{cases}$$

$\left(\varphi_0 = \operatorname{arctg} \frac{\beta}{\omega_0}\right)$ bzw. für $s \cdot \delta \ll \omega_0$ durch

$$\frac{\gamma_{s,y}(1)}{\gamma_{s,x}(1)} = \left(\frac{\tau_{k,s}}{\tau_{k,2}}\right)^{s-1} \cdot (\delta \cdot \tau_{k,2})^{\frac{s-2}{2}} \cdot \frac{\delta^2}{\omega_0^2} \cdot 2 \cdot s \begin{cases} \displaystyle\sum_{r=0}^{\frac{s-1}{2}} \binom{s}{r} \cdot \frac{1}{(s-2r)^2} & \text{für } s = 2k+1 \\ \displaystyle\sum_{r=0}^{\frac{s-2}{2}} \binom{s}{r} \cdot \frac{1}{(s-2r)^2} + \frac{1}{2}\binom{s}{s/2}\left(\frac{\omega_0}{\delta \cdot s}\right)^2 & \text{für } s = 2k \end{cases} \tag{2.71}$$

gekennzeichnet und zeigt die gleiche typische Abhängigkeit von der Zeitkonstanten $T \sim \frac{1}{\delta} = \frac{2}{B_{0,7}}$ wie beim Tiefpaßfilter.

2.7. Schmalbandrauschprozesse

Gewöhnlich wird der Terminus „Schmalbandrauschprozeß" auf stationäre Zufallsfunktionen angewandt, deren Energiespektrum innerhalb eines schmalen Frequenzbereiches $\Delta\omega$ bei ω_0 konzentriert ist (z. B. [19], [35])

$$\frac{\Delta\omega}{\omega_0} \ll 1 .$$

Andererseits ist bekannt, daß bei der Darstellung von Schmalbandrauschprozessen diese Voraussetzung durch eine wesentlich schwächere ersetzt werden kann, die man auch bei der Behandlung stationärer Schmalbandvierpole verwendet ([20], [37]).

Wir werden deshalb den Begriff der Schmalbandigkeit zuerst für Vierpole genauer definieren und dann auf stationäre Rauschprozesse übertragen, wobei uns besonders lineare trägheitslose Transformationen interessieren, mit deren Hilfe Schmalbandrauschprozesse erzeugt werden können.

Beginnen wir mit dem Schmalbandvierpolen. Die Impulsübertragungsfunktion des Vierpols sei $g(\tau)$, seine Übertragungscharakteristik — $G(j\omega)$

$$G(j\omega) = \int_{-\infty}^{\infty} d\tau \cdot g(\tau) \cdot e^{-j\omega \cdot \tau} = G^*(-j\omega) .$$

Wenn die Übertragungsfunktion $G(j\omega)$ dargestellt werden kann als

$$G(j\omega) = G_0(j\omega - j\omega_0) + G_0^*(-j\omega - j\omega_0) , \quad (2.72)$$

wobei

$$G_0(j\omega) = 0^{1)} \quad \text{für } |\omega| > \omega_0, \tag{2.73}$$

dann ist der Vierpol ein Schmalbandvierpol.

In Abb. 10 wird die Gleichung (2.72) schematisch erläutert: Für $\omega > 0$ ist $G(j\omega)$ einfach mit der um ω_0 nach rechts verschobenen Frequenzcharakteristik des Tiefpasses $G_0(j\omega)$ identisch, während für die linke Halbachse ($\omega < 0$) natürlich neben der Spiegelung und Verschiebung nach links der Übergang zur komplex konjugierten Größe vorgenommen werden muß, da ja $G(j\omega) = G^*(-j\omega)$.

Die Impulsübertragungsfunktion des Schmalbandvierpols läßt sich unter Berücksichtigung von (2.72) bis (2.73) einfach bestimmen

$$g(\tau) = \frac{1}{2\pi}\int_{-\infty}^{\infty} \mathrm{d}\omega G(j\omega)\,\mathrm{e}^{j\omega\tau} = \frac{1}{2\pi}\int_{0}^{\infty} \mathrm{d}\omega\; G_0(j\omega - j\omega_0)\,\mathrm{e}^{j\omega\tau}$$

$$+ \frac{1}{2\pi}\int_{-\infty}^{0} \mathrm{d}\omega\; G_0{}^*(-j\omega - j\omega_0)\cdot \mathrm{e}^{j\omega\tau}$$

$$= \frac{1}{2\pi}\int_{-\omega_0}^{\infty} \mathrm{d}\omega[G_0(j\omega)\,\mathrm{e}^{j(\omega+\omega_0)\tau} + G_0{}^*(j\omega)\,\mathrm{e}^{-j(\omega+\omega_0)\tau}]$$

bzw.

$$g(\tau) = 2\,\mathrm{Re}\left[\mathrm{e}^{j\omega_0\tau}\cdot\frac{1}{2\pi}\int_{-\infty}^{\infty} G_0(j\omega)\,\mathrm{e}^{j\omega\tau}\cdot\mathrm{d}\omega\right] \tag{2.74}$$

oder

$$g(\tau) = g_1(\tau)\cdot\cos\omega_0\tau - g_2(\tau)\cdot\sin\omega_0\tau \tag{2.75}$$

---

[1]) Gefordert wird nur, daß für $|\omega| > \omega_0$ die Funktion $G_0(j\omega)$ vernachlässigbar klein sei. Die strengere Forderung (2.73) verwenden wir nur bequemlichkeitshalber, um nicht im weiteren mit ungefähr gleichen Ausdrücken arbeiten zu müssen.

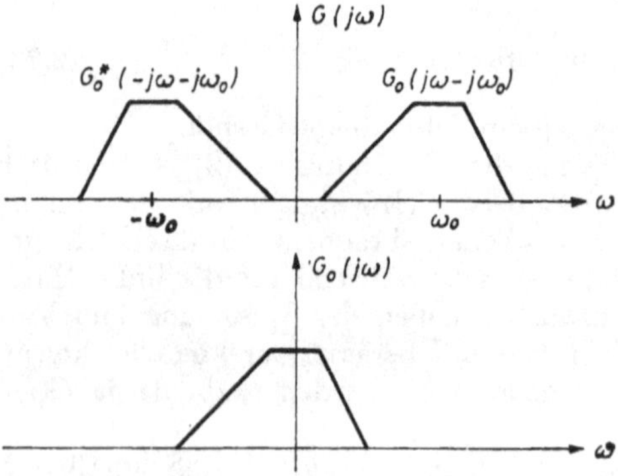

Abb. 10. Schematische Darstellung der Übertragungsfunktion eines Schmalbandvierpols

mit

$$g_1(\tau) = \frac{1}{2\pi} \int_{-\infty}^{\infty} [G_0(j\omega) + G_0{}^*(-j\omega)]\, e^{j\omega\tau}\, d\omega\,, \quad (2.76)$$

$$g_2(\tau) = \frac{1}{2\pi} \int_{-\infty}^{\infty} [G_0(j\omega) - G_0{}^*(-j\omega)]\, e^{j\omega\tau}\, d\omega\,. \quad (2.77)$$

Die Impulsübertragungsfunktion eines Schmalbandvierpols kann damit immer in der Form (2.75) mit reellen $g_1(\tau)$ und $g_2(\tau)$ geschrieben werden. Dabei gilt $g_1(\tau) = g_2(\tau) = 0$ für $\tau < 0$. Wenn $G_0(j\omega)$ der Übertragungsfunktion eines realen Tiefpaßfilters entspricht $\left(G_0(j\omega) = G_0{}^*(-j\omega)\right)$, dann wird $g_2(\tau) \equiv 0$.

Infolge (2.73) sind den Änderungsgeschwindigkeiten von $g_1(\tau)$ und $g_2(\tau)$ Grenzen gesetzt, da nach Auflösung der Gleichungen (2.76) bis (2.77) und FOURIER-Rücktransformation

$$G_0(j\omega) = \frac{1}{2} \int_{-\infty}^{\infty} d\tau\, [g_1(\tau) + j g_2(\tau)]\, e^{-j\omega\tau}\,, \quad (2.78)$$

d. h.

$$\int_{-\infty}^{\infty} d\tau \, [g_1(\tau) \cdot \cos \omega_0\tau + g_2(\tau) \cdot \sin \omega_0\tau]$$

$$= \int_{-\infty}^{\infty} d\tau \, [g_1(\tau) \cdot \sin \omega_0\tau - g_2(\tau) \cdot \cos \omega_2\tau] = 0$$

$$\text{für } |\omega| > \omega_0. \qquad (2.79)$$

Je weniger sich $g_1(\tau)$ und $g_2(\tau)$ während einer Periode $T = \frac{2\pi}{\omega_0}$ ändern, um so genauer ist die Beziehung (2.79) erfüllt. Deshalb können die Funktionen $g_1(\tau)$ und $g_2(\tau)$ als langsam veränderlich gegenüber $g(\tau)$, deren Änderungsgeschwindigkeit proportional ω_0 ist, angesehen werden.

Wird nun am Eingang eines Schmalbandvierpols ein stationärer Rauschprozeß $X(t)$ mit der Korrelationsfunktion (zweiter Ordnung)

$$k_{2,x}(\tau) = \frac{1}{2\pi} \int_{-\infty}^{\infty} S_{1,x}(\omega) \, e^{j\omega\tau} \cdot d\omega; \qquad S_{1,x}(\omega) = S_{1,x}(-\omega)$$

eingespeist, so gilt für das Leistungsdichte- oder Energiespektrum des Ausgangsprozesses $Y(t)$

$$S_{1,y}(\omega) = G(j\omega) \cdot G(-j\omega) \cdot S_{1,x}(\omega)$$
$$= [G_0(j\omega - j\omega_0) + G_0^*(-j\omega - j\omega_0)]$$
$$\times [G_0(-j\omega - j\omega_0) + G_0^*(j\omega - j\omega_0)] \cdot S_{1,x}(\omega)$$

bzw.

$$S_{1,y}(\omega) = |G_0(j\omega - j\omega_0)|^2 \cdot S_{1,x}(\omega)$$
$$+ |G_0(-j\omega - j\omega_0)|^2 \cdot S_{1,x}(-\omega). \qquad (2.80)$$

Bei der Multiplikation der beiden Klammern fallen die Kreuzprodukte infolge (2.73) weg.

Da $Y(t)$ einen durch den Schmalbandvierpol $G(j\omega)$ erzeugten Prozeß repräsentiert, dessen Leistungsdichtespektrum (2.80) die gleichen Struktureigenschaften wie die Vierpolübertragungsfunktion besitzt, ist es nur folgerichtig, ihn ebenfalls als Schmalbandrauschprozeß zu bezeichnen.

Ein Schmalbandrauschprozeß ist also eine stationäre Zufallsfunktion, deren Leistungsdichtespektrum in folgender Form dargestellt werden kann

$$S_{1,y}(\omega) = S_0(\omega - \omega_0) + S_0(-\omega - \omega_0) = S_{1,y}(-\omega), \tag{2.81}$$

wobei

$$S_0(\omega) = 0^{1)} \quad \text{für } |\omega| > \omega_0. \tag{2.82}$$

Mit den gleichen Schritten wie für Schmalbandvierpole gewinnt man die Darstellung der Korrelationsfunktion $k_2(\tau)$ eines Schmalbandrauschprozesses

$$k_2(\tau) = \varrho(\tau) \cdot \cos \omega_0\tau - s(\tau) \cdot \sin \omega_0\tau \tag{2.83}$$

mit

$$\varrho(\tau) = \varrho(-\tau) = \frac{1}{\pi} \int_{-\infty}^{\infty} S_0(\omega) \cdot \cos \omega\tau \cdot d\omega, \tag{2.84}$$

$$s(\tau) = -s(-\tau) = \frac{1}{\pi} \int_{-\infty}^{\infty} S_0(\omega) \cdot \sin \omega\tau \cdot d\omega. \tag{2.85}$$

Die Funktionen $\varrho(\tau)$ und $s(\tau)$ besitzen die FOURIER-Transformierten $S_\varrho(\omega)$ und $S_s(\omega)$, die direkt aus $S_{1,y}(\omega)$ bestimmt werden können. Es gilt ja

$$S_\varrho(\omega) = S_\varrho(-\omega) = S_0(\omega) + S_0(-\omega), \tag{2.86}$$

$$S_s(\omega) = -S_s(-\omega) = -j[S_0(\omega) - S_0(-\omega)] \tag{2.87}$$

bzw. mit (2.81)

$$S_{1,y}(\omega + \omega_0) = \frac{1}{2} [S_\varrho(\omega) + jS_s(\omega)].$$

---

[1]) Siehe Fußnote auf Seite 83.

Ersetzt man ω durch $-\omega$ und beachtet die Gleichungen (2.86) bis (2.87), so kann man das sich ergebende Gleichungssystem leicht lösen und gewinnt

$$S_\varrho(\omega) = S_{1,y}(\omega + \omega_0) + S_{1,y}(\omega_0 - \omega), \tag{2.88}$$

$$S_s(\omega) = -j[S_{1,y}(\omega_0 + \omega) - S_{1,y}(\omega_0 - \omega)]. \tag{2.89}$$

Sind $\varrho(\tau)$ und $s(\tau)$ gegeben, dann kann $S_0(\omega)$ einfach bestimmt werden:

$$S_0(\omega) = \frac{1}{2} \int_{-\infty}^{\infty} d\tau [\varrho(\tau) + js(\tau)] \, e^{-j\omega\tau}. \tag{2.90}$$

Mit den Formeln (2.84) bis (2.85) bzw. (2.86) bis (2.87) und (2.83) kann die Standarddarstellung der Korrelationsfunktion bei vorgegebenem Leistungsdichtespektrum errechnet werden. Umgekehrt, bei gegebener Standarddarstellung (2.83) läßt sich das Dichtespektrum mit Hilfe der Ausdrücke (2.90) und (2.81) bestimmen.

Es erhebt sich nun die Frage, ob der Schmalbandrauschprozeß in ähnlicher Form wie seine Korrelationsfunktion darstellbar ist. Von der Beantwortung dieser Frage hängt die Möglichkeit der Zuhilfenahme niederfrequenter Ersatzschaltbilder (vorwiegend zur Beschreibung der statistischen Eigenschaften im Rahmen der ersten beiden Korrelationsfunktionen) ab, von der ja bei Schmalbandfiltern gern Gebrauch gemacht wird, wenn das determinierte Schmalbandeingangssignal in der Form

$$x(t) = a(t) \cdot \cos \omega_0 t - b(t) \cdot \sin \omega_0 t = A(t) \cdot \cos\left(\omega_0 t + \varphi(t)\right),$$

$$A(t) = \sqrt{a^2(t) + b^2(t)}; \qquad \varphi(t) = \operatorname{arctg} \frac{b(t)}{a(t)} \tag{2.91}$$

gegeben ist, wobei

$$G_{x,0}(j\omega) = \frac{1}{2} \int_{-\infty}^{\infty} d\tau \, [a(\tau) + j \cdot b(\tau)] \cdot e^{-j\omega\tau} \tag{2.92}$$

für $|\omega| > \omega_0$ verschwinden soll. Für das Spektrum des Ausgangsprozesses gilt dann

$$\begin{aligned} G_y(j\omega) &= [G_0(j\omega - j\omega_0) + G_0{}^*(-j\omega - j\omega_0)] \\ &\quad \times [G_{x,0}(j\omega - j\omega_0) + G_{x,0}^*(-j\omega - j\omega_0)] \\ &= G_0(j\omega - j\omega_0) \cdot G_{x,0}(j\omega - j\omega_0) + G_0{}^*(-j\omega - j\omega_0) \\ &\quad \times G_{x,0}^*(-j\omega - j\omega_0). \end{aligned}$$

Nach (2.75—77) bestimmt man $y(t)$, indem man $G_0(j\omega)$ durch $G_0(j\omega) \cdot G_{x,0}(j\omega)$ ersetzt. Die Integrale (2.76—77) lassen sich dabei leicht in Faltungsintegrale überführen, und man gewinnt

$$y(t) = c(t) \cdot \cos \omega_0 t - \mathrm{d}(t) \cdot \sin \omega_0 t, \tag{2.93}$$

$$c(t) = \frac{1}{2} \int_{-\infty}^{\infty} \mathrm{d}\tau \, [g_1(t - \tau) \cdot a(\tau) - g_2(t - \tau) \cdot b(\tau)], \tag{2.94}$$

$$\mathrm{d}(t) = \frac{1}{2} \int_{-\infty}^{\infty} \mathrm{d}\tau \, [g_1(t - \tau) \cdot b(\tau) + g_2(t - \tau) \cdot a(\tau)]. \tag{2.95}$$

Da $a(t)$, $b(t)$, $c(t)$, $d(t)$, $g_1(t)$ und $g_2(t)$ im Vergleich zu $x(t)$, $y(t)$ und $g(t)$ langsam veränderliche Funktionen sind, spiegeln die Gleichungen (2.94) bis (2.95) das in Abb. 11 dargestellte niederfrequente Ersatzschaltbild wider.

Der umrandete Teil stellt das eigentliche niederfrequenzte Ersatzschaltbild für die langsamen Zeitfunktionen dar. Durch Multiplikationsstufen, in denen die Signale frequenzmäßig transformiert werden, und ideale Filter mit der Grenzfrequenz ω_0 läßt sich die niederfrequente Ersatzschaltung bis zur vollen Äquivalenz mit dem Schmalbandvierpol ergänzen.

Wenden wir uns jetzt wieder dem Schmalbandrauschprozeß $X(t)$ zu und versuchen, ihn so darzustellen, daß das gleiche (oder ein ähnliches) niederfrequente Ersatzschaltbild wie in Abb. 11 zur Untersuchung der statisti-

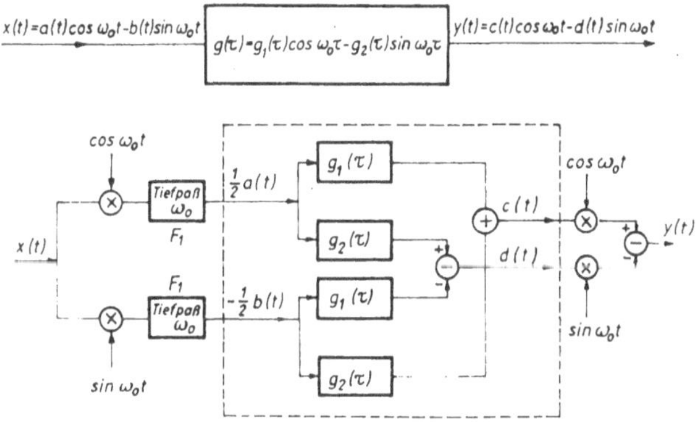

Abb. 11. **Schmalbandvierpol bei Einwirkung eines Schmalbandsignals** $x(t)$ **(oben) und niederfrequentes Ersatzschaltbild (unten)**

schen Eigenschaften des Ausgangsprozesses verwendet werden kann. Nehmen wir an, der Schmalbandrauschprozeß läßt sich in Analogie zu (2.88) schreiben als

$$X(t) = X_1(t) \cdot \cos \omega_0 t - X_2(t) \cdot \sin \omega_0 t\,, \qquad (2.96)$$

wobei $X_1(t)$ und $X_2(t)$ stationäre, im allgemeinen Fall statistisch voneinander abhängige Rauschprozesse sind. $X(t)$ entsteht also durch die trägheitslose, lineare Transformation (2.96) aus X_1 und X_2.

Es sei zuerst vorausgesetzt, daß die Prozesse X_1 und X_2 gegeben sind. Abzuleiten sind die Bedingungen, unter denen dann X ein Schmalprozeß ist.

Der Einfachheit halber sei $\langle X_1(t)\rangle = \langle X_2(t)\rangle = 0$. Die

Korrelationsfunktion von X ist dann

$$\begin{aligned} k_{2,x}(t, t+\tau) &= \langle X(t) \cdot X(t+\tau)\rangle \\ &= \frac{1}{2}\left[\langle X_1 \cdot X_{1,\tau}\rangle + \langle X_2 \cdot X_{2,\tau}\rangle\right] \cdot \cos \omega_0\tau \\ &\quad - \frac{1}{2}\left[\langle X_1 \cdot X_{2,\tau}\rangle - \langle X_2 \cdot X_{1,\tau}\rangle\right] \cdot \sin \omega_0\tau \\ &\quad + \frac{1}{2}\left[\langle X_1 \cdot X_{1,\tau}\rangle - \langle X_2 \cdot X_{2,\tau}\rangle\right] \cdot \cos \omega_0(2t+\tau) \\ &\quad - \frac{1}{2}\left[\langle X_1 \cdot X_{2,\tau}\rangle + \langle X_2 \cdot X_{1,\tau}\rangle\right] \cdot \sin \omega_0(2t+\tau) \end{aligned} \tag{2.97}$$

$\left(X_{1,2} = X_{1,2}(t), X_{1,2,\tau} = X_{1,2}(t+\tau)\right)$. $X(t)$ ist nur dann ein stationärer Prozeß, wenn die beiden letzten Klammern in (2.97) verschwinden, d. h., beide Prozesse X_1 und X_2 müssen die gleiche Korrelationsfunktion besitzen

$$\varrho(\tau) = \varrho(-\tau) = \langle X_1 \cdot X_{1,\tau}\rangle = \langle X_2 \cdot X_{2,\tau}\rangle. \tag{2.98}$$

Außerdem muß die statistische Verkoppelung der beiden Prozesse stationär sein

$$s(\tau) = -s(-\tau) = \langle X_1 \cdot X_{2,\tau}\rangle = -\langle X_{1,\tau} \cdot X_2\rangle. \tag{2.99}$$

Wenn noch zusätzlich $\varrho(\tau)$ und $s(\tau)$ der Bedingung

$$\int_{-\infty}^{\infty} \mathrm{d}\tau \left[\varrho(\tau) + js(\tau)\right] \cdot \mathrm{e}^{-j\omega\tau} = 0 \quad \text{für } |\omega| > \omega_0 \tag{2.100}$$

genügen, dann ist $X(t)$ ein Schmalbandrauschprozeß. Tatsächlich, die Korrelationsfunktion von $X(t)$ weist unter diesen Bedingungen Standardform auf

$$k_{2,x}(\tau) = \varrho(\tau) \cdot \cos \omega_0\tau - s(\tau) \cdot \sin \omega_0\tau,$$

die aber zusammen mit der Bedingung (2.100) notwendig und hinreichend für die Schmalbandigkeit des Prozesses ist. Das Dichtespektrum von X kann mit Hilfe der Gleichungen (2.90) und (2.81) bestimmt werden.

Bei gegebenem Schmalbandprozeß $X(t)$ bereitet die Bestimmung der Korrelationsfunktionen der langsamen Prozesse X_1 und X_2 ebenfalls keine Schwierigkeiten (Formeln (2.88–89) bzw. (2.81–85)). Wenn $X(t)$ noch dazu normalverteilt ist, dann sind die Prozesse X_1 und X_2 natürlich ebenfalls Gauss-Prozesse und werden vollständig durch ihre Mittelwerte und Korrelationsfunktionen charakterisiert.

Interessant ist dabei, daß X_1 und X_2 statistisch unabhängig voneinander werden $\left(s(\tau) = 0\right)$, wenn das Dichtespektrum des Gaussschen Schmalbandprozesses $X(t)$ (für $\omega > 0$) symmetrisch bezüglich ω_0 ist (s. (2.87)).

Betrachtet man beispielsweise einen fast weißen Gauss-Prozeß $\xi(t)$, dessen Dichtespektrum $S_{1,\xi}(\omega)$ im Bereich $|\omega| < 2\omega_0$ als konstant angesehen werden kann $\left(S_{1,\xi}(\omega) = \frac{N_0}{2} \text{ für } |\omega| < 2\omega_0\right)$, außerhalb dieses Bereiches jedoch verschwindet, so kann dieser Prozeß in der Form (2.96) dargestellt werden, wobei nach (2.88–89) und Fourier-Rücktransformation gilt

$$\varrho(\tau) = N_0 \cdot \frac{\sin \omega_0\tau}{\pi \cdot \tau}; \qquad s(\tau) = 0.$$

Die Korrelationszeit der Prozesse $\xi_1(t)$ und $\xi_2(t)$ $\left(\tau_k = \frac{1}{\omega_0} \int\limits_0^\infty \mathrm{d}x \left|\frac{\sin x}{x}\right|\right)$ (s. Kap. V in [12]) ist umgekehrt proportional zu ω_0. Besitzt das nachfolgende System, auf das der Rauschprozeß einwirkt, eine im Vergleich zu τ_k große Zeitkonstante $T(\tau_k \cdot T^{-1} \ll 1$ bzw. $B \cdot \omega_0^{-1} \ll 1$ — B — Bandbreite des Systems), dann kann die Korrelationsfunktion ersetzt werden durch

$$\delta(\tau) \cdot \int\limits_{-\infty}^{\infty} \mathrm{d}\tau \cdot \varrho(\tau) = N_0 \cdot \delta(\tau)$$

(s. Kap. V in [12]).

Häufig wird $\xi(t)$ in folgender Weise geschrieben

$$\xi(t) = \sqrt{2} \cdot \xi_1(t) \cdot \cos \omega_0 t - \sqrt{2} \cdot \xi_2(t) \cdot \sin \omega_0 t \,. \qquad (2.101)$$

$\xi_1(t)$ und $\xi_2(t)$ haben dann unter den gemachten Voraussetzungen die gleiche Korrelationsfunktion wie $\xi(t)$

$$\langle \xi_1 \cdot \xi_{1,\tau} \rangle = \langle \xi_2 \cdot \xi_{2,\tau} \rangle \approx \langle \xi \cdot \xi_\tau \rangle = \frac{N_0}{2} \cdot \delta(\tau) \qquad (2.102)$$

und stellen voneinander unabhängige weiße GAUSSsche Rauschprozesse dar.

Zum Abschluß dieses Abschnittes sei noch darauf hingewiesen, daß der Übergang (2.96) vom Schmalbandrauschprozeß $X(t)$ zu den langsam veränderlichen Zufallsfunktionen $X_1(t)$ und $X_2(t)$ nicht eindeutig ist. Will man, wie z. B. zur Ableitung vollständiger niederfrequenter Ersatzschaltbilder notwendig, alle statistischen Eigenschaften von $X(t)$ einfach erfassen, so ist es zweckmäßig, die Transformation von X zu X_1 und X_2 eindeutig zu gestalten, um auch die statistischen Beschreibungsgrößen höherer Ordnung eindeutig ableiten zu können. Dies kann auf folgende Weise geschehen: Nehmen wir einmal an, daß uns neben dem Schmalbandprozeß

$$X(t) = X_1(t) \cdot \cos \omega_0 t - X_2(t) \cdot \sin \omega_0 t \qquad (2.103)$$

noch der Prozeß

$$Y(t) = X_1(t) \cdot \cos \omega_0 t + X_2(t) \cdot \sin \omega_0 t \qquad (2.104)$$

zur Verfügung stände. Dann lassen sich X_1 und X_2 als Lösung der beiden Gleichungen eindeutig bestimmen

$$X_1(t) = X(t) \cdot \cos \omega_0 t + Y(t) \cdot \sin \omega_0 t \,, \qquad (2.105)$$

$$X_2(t) = -X(t) \cdot \sin \omega_0 t + Y(t) \cdot \cos \omega_0 t \,. \qquad (2.106)$$

Das Problem besteht also darin, $X(t)$ mit Hilfe einer möglichst einfachen Operation in $Y(t)$ überzuführen. Diese

Operation muß nicht unbedingt physikalisch kausale Zusammenhänge widerspiegeln, sollte aber bequemlichkeitshalber zumindest linear sein. Wir machen deshalb den Ansatz

$$Y(t) = \int_{-\infty}^{\infty} \mathrm{d}s \cdot h(t-s) \cdot X(s) \tag{2.107}$$

und versuchen $h(t-s)$ bzw. seine FOURIER-Transformierte $H(j\omega)$ so zu bestimmen, daß (2.104) erfüllt wird.

Zur Berechnung von $H(j\omega)$ werden die Korrelationsfunktionen $\langle Y \cdot Y_\tau \rangle = k_{2,y}(\tau)$ und $\langle X \cdot Y_\tau \rangle = k_{2,x,y}(\tau)$ benötigt. Führt man die Mittelung mit (2.103) und (2.104) durch, so wird mit den gleichen Bezeichnungen wie oben

$$k_{2,y}(\tau) = \varrho(\tau) \cdot \cos \omega_0 \tau - s(\tau) \cdot \sin \omega_0 \tau = k_{2,x}(\tau), \tag{2.108}$$

$$\begin{aligned} k_{2,x,y}(\tau) &= \langle X \cdot Y_\tau \rangle = \varrho(\tau) \cdot \sin \omega_0 \tau + s(\tau) \cdot \cos \omega_0 \tau \\ &= -\langle X_\tau \cdot Y \rangle = -k_{2,y,x}(\tau). \end{aligned} \tag{2.109}$$

$Y(t)$ besitzt mithin die gleiche Autokorrelationsfunktion wie $X(t)$, während die Kreuzkorrelationsfunktion $\langle X \cdot Y_\tau \rangle$ genauso wie bei den langsamen Prozessen X_1 und X_2 antisymmetrisch ist. Das Energiespektrum von X stimmt also mit dem Spektrum von Y überein

$$S_{1,y}(\omega) = S_{1,x}(\omega) = S_0(\omega - \omega_0) + S_0(-\omega - \omega_0), \tag{2.110}$$

während das Kreuzspektrum gegeben wird durch $\left(S_{1,x,y}(\omega) = \int_{-\infty}^{\infty} \mathrm{d}\tau \cdot \mathrm{e}^{-j\omega\tau} \cdot \langle X \cdot Y_\tau \rangle\right)$

$$\begin{aligned} S_{1,x,y}(\omega) = \frac{1}{2} \int_{-\infty}^{\infty} \mathrm{d}\tau \, \Big[&-j\big(\varrho(\tau) + js(\tau)\big) \, \mathrm{e}^{-j(\omega-\omega_0)\tau} \\ &+ j\big(\varrho(\tau) - js(\tau)\big) \, \mathrm{e}^{-j(\omega+\omega_0)\tau} \Big] \end{aligned}$$

bzw. unter Verwendung von (2.90)

$$S_{1,x,y}(\omega) = -jS_0(\omega - \omega_0) + jS_0(-\omega - \omega_0) = \begin{cases} -jS_{1,x}(\omega) & \text{für } \omega > 0, \\ jS_{1,x}(\omega) & \text{für } \omega < 0. \end{cases} \tag{2.111}$$

Um $H(j\omega)$ festzulegen, sollen $S_{1,y}(\omega)$ und $S_{1,x,y}(\omega)$ direkt mit Hilfe von $H(j\omega)$ ausgedrückt werden

$$S_{1,y}(\omega) = |H(j\omega)|^2 \cdot S_{1,x}(\omega), \tag{2.112}$$

$$S_{1,x,y}(\omega) = H(j\omega) \cdot S_{1,x}(\omega). \tag{2.113}$$

Durch Vergleich der beiden Gleichungspaare (2.112 bis 113) und (2.110–111) gewinnt man die Bestimmungsgleichung für $H(j\omega)$

$$H(j\omega) = \begin{cases} -j & \text{für } 0 < \omega < 2\omega_0, \\ j & \text{für } -2\omega_0 < \omega < 0. \end{cases} \tag{2.114}$$

Wichtig ist, daß $H(j\omega)$ im Bereich $|\omega| > 2\omega_0$ vollständig frei wählbar ist, da in diesem Bereich $S_{1,x}(\omega)$ verschwindet. Wird $H(j\omega)$ außerhalb des Bereiches $|\omega| > 2\omega_0$ Null gesetzt, so ist $h(\tau) = \frac{1}{\pi \cdot \tau}(1 - \cos 2\omega_0 \cdot \tau)$ und

$$Y(t) = \frac{1}{\pi} \int_{-\infty}^{\infty} ds \, [1 - \cos 2\omega_0(t - s)] \cdot \frac{X(s)}{t - s}. \tag{2.115}$$

Wählt man $H(j\omega) = -j \cdot \operatorname{sgn} \omega$ auf der gesamten Geraden, so wird $h(\tau) = \frac{1}{\pi \cdot \tau}$ und man erhält als Übergangsvorschrift von X zu Y die Hilbert-Transformation

$$Y(t) = \frac{1}{\pi} \int_{-\infty}^{\infty} ds \, \frac{X(s)}{t - s}. \tag{2.116}$$

Hat man es mit einem stark schmalbandigen Zufallsprozeß zu tun, dessen Dichtespektrum innerhalb der Frequenzintervalle $\left(-\frac{\Delta\omega}{2} - \omega_0;\ -\omega_0 + \frac{\Delta\omega}{2}\right)$ bzw. $\left(\omega_0 - \frac{\Delta\omega}{2};\ \omega_0 + \frac{\Delta\omega}{2}\right)$ konzentriert ist, wobei $\frac{\Delta\omega}{\omega_0} \ll 1$, so braucht die Gleichung natürlich nur innerhalb dieser Frequenzbereiche erfüllt zu werden. In sehr guter Näherung kann man dann setzen

$$H(j\omega) = -\frac{j\omega}{\omega_0} \approx \begin{cases} -j & \text{für} \quad \omega_0 - \frac{\Delta\omega}{2} < \omega < \omega_0 + \frac{\Delta\omega}{2}, \\ j & \text{für} \quad -\omega_0 - \frac{\Delta\omega}{2} < \omega < -\omega_0 + \frac{\Delta\omega}{2}. \end{cases} \tag{2.117}$$

Y ist in diesem Fall der Ableitung von X proportional

$$Y(t) = -\frac{1}{\omega_0} \cdot \dot{X}(t); \qquad \dot{X}(t) = \frac{\mathrm{d}X(t)}{\mathrm{d}t}, \tag{2.118}$$

da

$$h(\tau) = -\frac{1}{\omega_0} \cdot \frac{1}{2\pi} \int_{-\infty}^{\infty} \mathrm{d}\omega \cdot j\omega \cdot \mathrm{e}^{j\omega\tau}$$

$$= \frac{1}{\omega_0} \cdot \frac{\mathrm{d}}{\mathrm{d}\tau} \left[\frac{1}{2\pi} \int_{-\infty}^{\infty} \mathrm{d}\omega \cdot \mathrm{e}^{-j\omega\tau} \right] = \frac{1}{\omega_0} \cdot \frac{\mathrm{d}}{\mathrm{d}\tau}\, \delta(\tau).$$

Diese Darstellung ist besonders dann für die Untersuchung von Schmalbandprozessen von Vorteil, wenn diese durch Differentialgleichungen gegeben sind.

2.8. Wahrscheinlichkeitsverteilung vom Amplitude und Phase eines Gaußschen Schmalbandprozesses

Der stationäre GAUSSsche Schmalbandrauschprozeß $X_0(t)$ wird nach (2.96) gegeben durch

$$X_0(t) = X_1(t) \cdot \cos \omega_0 t - X_2(t) \cdot \sin \omega_0 t. \quad (2.119)$$

Dabei sind $X_1(t)$ und $X_2(t)$ langsame GAUSS-Prozesse mit verschwindenden Mittelwerten und den Korrelationsfunktionen

$$\langle X_1 \cdot X_{1,\tau} \rangle = \langle X_2 \cdot X_{2,\tau} \rangle = \varrho(\tau). \quad (2.98)$$

Ihre statistische Verkopplung wird beschrieben durch

$$\langle X_1 \cdot X_{2,\tau} \rangle = -\langle X_{1,\tau} \cdot X_2 \rangle = s(\tau) = -s(-\tau). \quad (2.99)$$

Mit diesen Angaben sind die statistischen Eigenschaften von $X_0(t)$ unter Beachtung des GAUSS-Charakters vollständig gegeben. $X_0(t)$ besitzt nach (2.83) die Korrelationsfunktion $k_{2,x_0}(\tau) = \varrho(\tau) \cdot \cos \omega_0 \tau - s(\tau) \cdot \sin \omega_0 \tau$.

In vielen Fällen ist es jedoch bequemer, den Schmalbandrauschprozeß (2.119) in der Form

$$X_0(t) = \gamma_0(t) \cdot \cos\left(\omega_0 t + \delta_0(t)\right) \quad (2.120)$$

darzustellen, wobei die Amplitude (genauer-Einhüllende)

$$\gamma_0(t) = \sqrt{X_1^2(t) + X_2^2(t)} \quad (2.121)$$

und Phase

$$\delta_0(t) = \operatorname{arctg} \frac{X_2(t)}{X_1(t)} + \varkappa \cdot \pi; \quad \varkappa = \cdots -1, 0, 1, \ldots \quad (2.122)$$

ebenfalls langsam veränderlich im Vergleich zu $\omega_0 t$ sind.

$\gamma_0(t)$ ändert sich nach 2.121 in den Grenzen $0 \leqq \gamma_0 < \infty$, der Hauptwert von $\delta_0(t)$ – in den Grenzen $-\pi \leqq \delta_0 \leqq \pi$.

Amplitude und Phase des GAUSSschen Schmalbandprozesses werden nach (2.121—122) durch nichtlineare Transformationen aus den langsamen GAUSS-Prozessen $X_1(t)$ und $X_2(t)$ erzeugt. Uns interessiert die Wahrscheinlichkeitsdichte der neuen Prozeßparameter γ_0 und δ_0, die natürlich nicht mehr GAUSSisch ist.

Beginnen wir mit der zweidimensionalen Verteilungsdichte von $\gamma_0 = \gamma_0(t)$ und $\delta_0 = \delta_0(t)$. In Übereinstimmung mit Abschnitt 2.2. muß das Gleichungssystem (2.121 bis 122) bezüglich X_1 und X_2 gelöst werden

$$X_1 = \gamma_0 \cdot \cos \delta_0; \quad X_2 = \gamma_0 \cdot \sin \delta_0 \tag{2.123}$$

und die JAKOBI-Determinante $I(\gamma_0, \delta_0)$ bestimmt werden

$$I(\gamma_0, \delta_0) = \begin{vmatrix} \dfrac{\partial X_1}{\partial \gamma_0} & \dfrac{\partial X_2}{\partial \gamma_0} \\ \dfrac{\partial X_1}{\partial \delta_0} & \dfrac{\partial X_2}{\partial \delta_0} \end{vmatrix} = \begin{vmatrix} \cos \delta_0 & \sin \delta_0 \\ -\gamma_0 \cdot \sin \delta_0 & \gamma_0 \cdot \cos \delta_0 \end{vmatrix} = \gamma_0 . \tag{2.124}$$

Dann ist nach (2.15) die Verteilung von γ_0 und δ_0

$$p_2(\gamma_0, \delta_0) = p_{2,x}(x_1 = \gamma_0 \cdot \cos \delta_0, x_2 = \gamma_0 \cdot \sin \delta_0) \cdot \gamma_0 .$$

Die Verteilung von X_1 und X_2 ist aber (s. z. B. Kap. 7 in [12])

$$p_{2,x}(x_1, x_2) = \frac{1}{2\pi \sqrt{\operatorname{Det} \boldsymbol{K}_2}} \exp\left[-\frac{1}{2}\, \boldsymbol{x}^T \cdot \boldsymbol{K}_2^{-1} \cdot \boldsymbol{x}\right], \tag{2.125}$$

wobei $\boldsymbol{x}^T = (x_1, x_2)$ und $\boldsymbol{K}_2 = \begin{vmatrix} \varrho_0 & 0 \\ 0 & \varrho_0 \end{vmatrix}$.

Bei der Bestimmung der Korrelationsmatrix wurde (2.98—99) beachtet, insbesondere $s(0) = 0$. Wir erhalten also $p_{2,x}(x_1, x_2) = \dfrac{1}{2\pi \cdot \varrho_0} \exp\left[-\dfrac{x_1^2 + x_2^2}{2\varrho_0}\right]$ und damit die

Verbundverteilung von Amplitude und Phase

$$p_2(\gamma_0, \delta_0) = \frac{\gamma_0}{2\pi \cdot \varrho_0} \, \mathrm{e}^{-\frac{\gamma_0^2}{2\varrho_0}}. \tag{2.126}$$

Hier wurde gesetzt $\varrho_0 = \varrho(0)$.

Durch Integration über γ_0 in den Grenzen $(0, \infty)$ gewinnt man die Phasenverteilung

$$p_{1\delta_0}(\delta_0) = \int_0^\infty \mathrm{d}\gamma_0 \cdot p_2(\gamma_0, \delta_0) = \frac{1}{2\pi}; \quad |\delta_0| \leqq \pi \tag{2.127}$$

bzw. durch Integration über δ_0 in den Grenzen $(-\pi, \pi)$ die Amplitudenverteilung

$$p_{1,\gamma_0}(\gamma_0) = \int_{-\pi}^{\pi} \mathrm{d}\delta_0 \cdot p_2(\gamma_0, \delta_0) = \frac{\gamma_0}{\varrho_0} \, \mathrm{e}^{-\frac{\gamma_0^2}{2\varrho_0}}. \tag{2.128}$$

Dieses Verteilungsgesetz trägt den Namen RAYLEIGHS (RAYLEIGH-Verteilung) und stellt eine einhöckrige, für $\gamma_0 \geqq 0$ definierte Kurve dar, deren Maximum bei $\gamma_0 = \sqrt{\varrho_0}$ erreicht wird und den Wert $(\mathrm{e} \cdot \varrho_0)^{-\frac{1}{2}}$ annimmt.

Die zweidimensionale Wahrscheinlichkeitsdichte $p_2(\gamma_0, \delta_0)$ läßt sich mit (2.127) und (2.128) als Produkt der eindimensionalen Verteilungsdichten darstellen

$$p_2(\gamma_0, \delta_0) = p_{1,\gamma_0}(\gamma_0) \cdot p_{1,\delta_0}(\delta_0), \tag{2.129}$$

d. h., γ_0 und δ_0 sind statistisch voneinander unabhängig.

Wenden wir uns nun der Verbundverteilung von $\gamma_0, \gamma_{0,\tau} = \gamma_0(t + \tau)$, δ_0 und $\delta_{0,\tau} = \delta_0(t + \tau)$ zu, die mit $p_4(\gamma_0, \gamma_{0,\tau}, \delta_0, \delta_{0,\tau})$ bezeichnet werde. $\gamma_{0,\tau}$ und $\delta_{0,\tau}$ werden durch ein zu (2,121—122) bzw. (2.123) analoges Gleichungssystem gegeben, das zusammen mit den Gleichungen für γ_0 und δ_0 betrachtet werden muß. Die JAKOBI-Determinante wird jetzt $I(\gamma_0, \gamma_{0,\tau}, \delta_0, \delta_{0,\tau}) = \gamma_0 \cdot \gamma_{0,\tau}$ und die gesuchte

Verteilungsdichte ist

$$p_4(\gamma_0, \gamma_{0,\tau}, \delta_0, \delta_{0,\tau}) = \gamma_0 \cdot \gamma_{0,\tau} \cdot p_{4,x}(x_1 = \gamma_0 \cdot \cos \delta_0,$$
$$x_2 = \gamma_0 \cdot \sin \delta_0, x_{1,\tau} = \gamma_{0,\tau} \cdot \cos \delta_{0,\tau}, x_{2,\tau} = \gamma_{0,\tau} \cdot \sin \delta_0 \tau). \tag{2.130}$$

Es muß also zuerst die vierdimensionale Wahrscheinlichkeitsdichte von X_1, X_2, $X_{1,\tau}$ und $X_{2,\tau}$ gefunden werden, die analog zu (2.125) geschrieben werden kann, wenn man unter $\boldsymbol{x}^T$ den Vektor $\boldsymbol{x}^T = (x_1, x_2, x_{1,\tau}, x_{2,\tau})$ und unter $\boldsymbol{K}_2$ die vierdimensionale Korrelationsmatrix $\boldsymbol{K}_2 = \langle \boldsymbol{X} \cdot \boldsymbol{X}^T \rangle$

$$\boldsymbol{K}_2(\tau) = \begin{vmatrix} \varrho_0 & 0 & \varrho_\tau & s_\tau \\ 0 & \varrho_0 & -s_\tau & \varrho_\tau \\ \varrho_\tau & -s_\tau & \varrho_0 & 0 \\ s_\tau & \varrho_\tau & 0 & \varrho_0 \end{vmatrix}$$

versteht, wobei $\varrho_\tau = \varrho(\tau)$ und $s_\tau = s(\tau)$.

Die inverse Matrix lautet

$$\boldsymbol{K}_2^{-1}(\tau) = \frac{1}{\varrho_0^2 - \varrho_\tau^2 - s_\tau^2} \cdot \begin{vmatrix} \varrho_0 & 0 & -\varrho_\tau & -s_\tau \\ 0 & \varrho_0 & s_\tau & -\varrho_\tau \\ -\varrho_\tau & s_\tau & \varrho_0 & 0 \\ -s_\tau & -\varrho_\tau & 0 & \varrho_0 \end{vmatrix} \tag{2.131}$$

und

$$\operatorname{Det} \boldsymbol{K}_2 = (\varrho_0^2 - \varrho_\tau^2 - s_\tau^2)^2,$$

so daß

$$p_{4,x}(x_1, x_2, x_{1,\tau}, x_{2,\tau})$$
$$= \frac{1}{(2\pi \cdot R)^2} \cdot \exp\Big[-\frac{1}{2R^2} \{\varrho_0(x_1^2 + {}_2{}^2 + x_{1,\tau}^2 + x_{2,\tau}^2)$$
$$- 2\varrho_\tau(x_1 \cdot x_{1,\tau} + x_2 \cdot x_{2,\tau} - 2s_\tau(x_1 \cdot x_{2,\tau} - x_2 \cdot x_{1,\tau})\}\Big] \tag{2.132}$$

mit $R = \sqrt{\varrho_0^2 - \varrho_\tau^2 - s_\tau^2}$.

Nach (2.130) ergibt sich sofort die gesuchte Verbunddichte

$$p_4(\gamma_0, \gamma_{0,\tau}, \delta_0, \delta_{0,\tau}) = \frac{\gamma_0 \cdot \gamma_{0,\tau}}{(2\pi \cdot R)^2} \exp\left[-\frac{1}{2R^2}\left\{\varrho_0(\gamma_0{}^2 + \gamma_{0,\tau}^2)\right.\right.$$
$$\left.\left.- 2\gamma_0, \gamma_{0,\tau}(\varrho_\tau \cdot \cos(\delta_{0,\tau} - \delta) + s_\tau \cdot \sin(\delta_{0,\tau} - \delta))\right\}\right]. \tag{2.133}$$

Die zweidimensionale Verbundwahrscheinlichkeit von γ_0 und $\gamma_{0,\tau}$ folgt wieder nach Integration über δ_0 und $\delta_{0,\tau}$ aus (2.133). Die Integration über δ_0 und $\delta_{0,\tau}$ erstreckt sich nur auf den Faktor $\exp\left[-\frac{\gamma_0 \cdot \gamma_{0,\tau}}{R^2}\left(\varrho_\tau \cdot \cos(\delta_{0,\tau} - \delta_0) + s_\tau \cdot \sin(\delta_{0,\tau} - \delta)\right)\right]$, da die anderen Terme nicht von δ_0 und $\delta_{0,\tau}$ abhängen. Das Integral

$$I = \int_{-\pi}^{\pi} \mathrm{d}\delta_0 \int_{-\pi}^{\pi} \mathrm{d}\delta_{0,\tau} \cdot \exp\left[-\frac{\gamma_0 \cdot \gamma_{0,\tau}}{R^2}\{\varrho_\tau \cdot \cos(\delta_{0,\tau} - \delta_0)\right.$$
$$\left. + s_\tau \cdot \sin(\delta_{0,\tau} - \delta_0)\}\right]$$

läßt sich durch Substitution $\varphi = \delta_{0,\tau} - \delta$; $\theta = \delta_0$ umformen

$$I = \int_{-\pi}^{\pi} \mathrm{d}\theta \int_{-\pi-\theta}^{\pi-\theta} \mathrm{d}\varphi \exp\left[-\frac{\gamma_0 \cdot \gamma_{0,\tau}\sqrt{\varrho_\tau{}^2 + s_\tau{}^2}}{R^2} \cdot \cos(\varphi - \beta)\right],$$

wobei

$$\beta = \beta(\tau) = \operatorname{arctg}\frac{s_\tau}{\varrho_\tau}. \tag{2.134}$$

Da der Integrand periodisch in φ ist und über eine volle Periode integriert wird, können die Integrationsgrenzen des zweiten Integrals beliebig verschoben werden. Unter

Beachtung der Integraldarstellung der modifizierten Besselfunktion erster Art und nullter Ordnung

$$I_0(x) = \frac{1}{\pi} \int_0^{\pi} e^{x \cdot \cos\psi} \cdot d\psi$$

läßt sich das Integral leicht ausrechnen und man gewinnt

$$p_{2,\gamma}(\gamma_0, \gamma_{0,\tau}) = \frac{\gamma_0, \gamma_{0,\tau}}{R^2} e^{-\frac{\varrho_0(\gamma_0^2 + \gamma_{0,\tau}^2)}{2R^2}} \cdot I_0\left(\sqrt{\varrho_\tau^2 + s_\tau^2} \cdot \frac{\gamma_0 \cdot \gamma_{0,\tau}}{R^2}\right). \quad (2.135)$$

Für $|\tau| \to \infty$ streben die Korrelationsfunktionen ϱ_τ und s_τ gegen Null, so daß

$$\lim_{|\tau| \to \infty} p_{2,\gamma}(\gamma_0, \gamma_{0,\tau}) = p_{1,\gamma_0}(\gamma_0) \cdot p_{1,\gamma_{0,\tau}}(\gamma_{0,\tau}),$$

d. h., die beiden Zufallsgrößen γ_0 und $\gamma_{0,\tau}$ werden statistisch voneinander unabhängig.

Die Verbundverteilung der beiden Phasengrößen δ_0 und $\delta_{0,\tau}$ hängt nur von ihrer Differenz $\delta_{0,\tau} - \delta_0$ ab, da diese Abhängigkeit in (2.133) nach Integration über γ_0 und $\gamma_{0,\tau}$ erhalten bleibt. Die Integration über γ_0 und $\gamma_{0,\tau}$ kann auf verschiedene Art und Weise erfolgen. Am einfachsten ist die Substitution

$$z = \frac{\varrho_0 \cdot \gamma_0 \cdot \gamma_{0,\tau}}{R^2}; \quad y = \frac{\gamma_0}{\gamma_{0,\tau}}$$

$$\text{bzw.} \quad \gamma_{0,\tau} = \sqrt{\frac{R^2 \cdot z}{\varrho_0 \cdot y}}; \quad \gamma_0 = \sqrt{\frac{R^2 \cdot y \cdot z}{\varrho_0}},$$

die zu folgender Integraldarstellung der gesuchten Verteilung führt

$$p_{2,\delta}(\delta_0, \delta_{0,\tau}) = \frac{R_2}{4\pi^2 \cdot \varrho_0^2} \int_1^{\infty} dy \int_0^{\infty} dz \, \frac{z}{y} \, e^{\alpha z - \frac{z}{2}\left(y + \frac{1}{y}\right)}.$$

Dabei ist

$$\alpha = \frac{\sqrt{\varrho_\tau^2 + s_\tau^2}}{\varrho_0} \cdot \cos(\delta_{0,\tau} - \delta_0 - \beta) = \alpha(\tau). \qquad (2.136)$$

Die Integration über z ist leicht ausführbar, wenn beachtet wird, daß $\alpha - \frac{1}{2}\left(y + \frac{1}{y}\right) \leq 0$ im Integrationsintervall von y. Es gilt somit

$$p_{2,\delta}(\delta_0, \delta_{0,\tau}) = \frac{R^2}{\pi^2 \cdot \varrho_0^2} \cdot \int_1^\infty \frac{\mathrm{d}y \cdot y}{(y^2 - 2\alpha \cdot y + 1)^2}.$$

Die verbleibende Integration über y ist elementar und ergibt nach einigen Umformungen den endgültigen Ausdruck

$$p_{2,\delta}(\delta_0, \delta_{0,\tau}) = \frac{R^2}{4\pi^2 \cdot \varrho_0^2} \cdot \frac{\frac{1}{2}\alpha \cdot \pi + \sqrt{1 - \alpha^2} + \alpha \cdot \arcsin \alpha}{\sqrt{(1 - \alpha^2)^3}}. \qquad (2.137)$$

Für $|\tau| \to \infty$ wird $\alpha = 0$ und $p_{2,\delta}(\delta_0, \delta_{0,\tau}) = \frac{1}{4\pi^2}$. Die beiden Zufallsgrößen δ_0 und $\delta_{0,\tau}$ sind dabei gleichverteilt und unabhängig voneinander. Wenn hingegen $\frac{\sqrt{\varrho_\tau^2 + s_\tau^2}}{\varrho_0}$ gegen Eins strebt, was dem Fall $\tau \to 0$ entspricht, dann geht die Verbundverteilung in die Deltafunktion über: $p_{2,\delta}(\delta_0, \delta_{0,\tau}) = \frac{1}{2\pi}\,\delta(\delta_{0,\tau} - \delta_0)$. Betrachtet man die Wahrscheinlichkeitsdichte $p_{2,\delta}(\delta_0, \delta_{0,\tau})$ als Funktion des Differenzargumentes $\delta_{0,\tau} - \delta_0 - \beta$, so bewegt sich die reale Verteilung zwischen diesen beiden Extremfällen — Gleichverteilung des Argumentes $\delta_{0,\tau} - \delta_0 - \beta$ und Deltafunktion bei β.

Aus den gewonnenen Verteilungen lassen sich Momenten- bzw. Korrelationsfunktionen ableiten. Dabei ist es

z. B. bei der Berechnung der Amplitudenmomentenfunktion zweckmäßig, die Besselfunktion $I_0\left(\sqrt{\varrho_\tau^2 + s_\tau^2} \times \frac{\gamma_0 \cdot \gamma_{0,\tau}}{R^2}\right)$ in eine TAYLOR-Reihe zu entwickeln und dann zu integrieren. Man gewinnt

$$\langle \gamma_0^{s_1} \cdot \gamma_{0,\tau}^{s_2} \rangle = \frac{1}{R^2} \sum_{\nu=0}^{\infty} \frac{(\varrho_\tau^2 + s_\tau^2)^\nu}{(\nu!)^2\,(2R^2)^{2\nu}}$$

$$\times \int_0^\infty d\gamma_0 \cdot \gamma_0^{2\nu+s_1+1} \cdot e^{-\frac{\varrho_0 \cdot \gamma_0^2}{2R^2}} \cdot \int_0^\infty d\gamma_{0,\tau} \cdot \gamma_{0,\tau}^{2\nu+s_2+1} \cdot e^{-\frac{\varrho_0 \cdot \gamma_{0,\tau}^2}{2R^2}}$$

oder

$$\langle \gamma_0^{s_1} \cdot \gamma_{0,\tau}^{s_2} \rangle = \frac{1}{4R^2} \left(\frac{2R^2}{\varrho_0}\right)^{2+\frac{s_1+s_2}{2}} \cdot \sum_{\nu=0}^{\infty} \left(\frac{\varrho_\tau^2 + s_\tau^2}{\varrho_0^2}\right)^\nu$$

$$\times \frac{\Gamma\left(\frac{2\nu + s_1 + 2}{2}\right) \cdot \Gamma\left(\frac{2\nu + s_2 + 2}{2}\right)}{(\nu!)^2}, \qquad (2.138)$$

wenn man die Definition der Gammafunktion verwendet:

$$\Gamma(z) = \int_0^\infty dx \cdot x^{z-1} \cdot e^{-x} \qquad (\text{Re}z > 0)$$

(es muß lediglich $z = \frac{1}{2}(n+1)$ — n-ganzzahlig — und $x = y^2$ gesetzt werden, d. h. $\Gamma\left(\frac{n+1}{2}\right) = 2\int_0^\infty dy \times y^n \cdot e^{-y^2}$).

Die gewöhnliche Momentfunktion zweiter Ordnung ergibt sich bei $s_1 = s_2 = 1$. Dabei kann die Reihe aufsummiert werden, so daß

$$\langle \gamma_0 \cdot \gamma_{0,\tau} \rangle = \varrho_0 \left[2 \cdot E\left(\frac{\sqrt{\varrho_\tau^2 + s_\tau^2}}{\varrho_0}\right) + \frac{R^2}{\varrho_0^2} K\left(\frac{\sqrt{\varrho_\tau^2 + \varrho_\tau^2}}{\varrho_0}\right)\right]. \qquad (2.139)$$

$E(x)$ und $K(x)$ sind die vollständigen elliptischen Integrale erster bzw. zweiter Art (s. z. B. [28]).

Zur Bestimmung der Phasenkorrelationsfunktion nutzt man zweckmäßigerweise den Umstand, daß die Verteilungsdichte $p_{2,\delta}(\delta_0, \delta_{0,\tau})$ nur von der Differenz $\delta_{0,\tau} - \delta_0$ abhängt. Es gilt

$$\langle \delta_{0,\tau} \cdot \delta_0 \rangle - \langle \delta_0^2 \rangle = -\frac{1}{2} \langle (\delta_{0,\tau} - \delta_0)^2 \rangle .$$

Da aber $\langle \delta_0^2 \rangle = \frac{\pi^2}{3}$, wird

$$\langle \delta_{0,\tau} \cdot \delta_0 \rangle = -\frac{1}{2} \int_{-\pi}^{\pi} \mathrm{d}\varphi \cdot \varphi^2$$

$$\times \frac{R^2}{2\pi\varrho_0^2} \left[\frac{\alpha_0 \cdot \frac{\pi}{2} + \sqrt{1 - \alpha_0^2} + \alpha_0 \cdot \arcsin \alpha_0}{\sqrt{(1 - \alpha_0^2)^3}} \right] + \frac{\pi^2}{3},$$

wobei $\alpha_0 = \frac{\sqrt{\varrho_\tau^2 + s_\tau^2}}{\varrho_0} \cos(\varphi - \beta)$. Nach partieller Integration ergibt sich (s. auch [20])

$$\langle \delta_0 \cdot \delta_{0,\tau} \rangle = \pi^2$$

$$\times \left[\left(1 + \frac{1}{2\pi} \arcsin \frac{\sqrt{\varrho_\tau^2 + s_\tau^2}}{\varrho_0} \right)^2 - \frac{5}{4\pi^2} \left(\arcsin \frac{\sqrt{\varrho_\tau^2 + s_\tau^2}}{\varrho_0} \right)^2 \right.$$

$$\left. + \frac{1}{2\pi^2} \sum_{\nu=1}^{\infty} \frac{1}{\nu^2} \left(\frac{\varrho_\tau^2 + s_\tau^2}{\varrho_0^2} \right)^\nu \right]. \qquad (2.140)$$

An diesen Beispielen wird schon erkenntlich, daß sich praktische Integrationsschwierigkeiten sehr oft bei der Ableitung von Korrelations- und Momentenfunktionen selbst bei bekannter Wahrscheinlichkeitsdichte störend bemerkbar machen. Reihenentwicklungen sind die typische Folge derartiger Schwierigkeiten und führen ihrerseits zu qualitativ und quantitativ schwer überschaubaren Ergebnissen. Deshalb gewinnt die Frage nach solchen Zerlegungen, die genügend gute Konvergenzeigenschaften aufweisen, an Bedeutung. Sie soll im weiteren besonders sorgfältig verfolgt werden, um aussagekräftige und möglichst einfache Resultate anzustreben.

Zum Abschluß sollen die Verteilungsdichten für den Fall modifiziert werden, daß dem stationären GAUSSschen Schmalbandprozeß $X_0(t)$ eine zweite, ebenfalls schmalbandige Zufallsfunktion $A(t) \cdot \cos\left(\omega_1 t + \varphi'(t)\right)$ überlagert ist, die statistisch unabhängig von $X_0(t)$ sei. Dieser Fall tritt sehr häufig auf — $A(t) \cdot \cos\left(\omega_1 t + \varphi'(t)\right)$ spielt gewöhnlich die Rolle des Signals, das in störendes Rauschen $X_0(t)$ eingebettet ist. $A(t)$ und $\varphi'(t)$ seien langsame Zufallsfunktionen; die Mittenfrequenz des Signals $-\omega_1$ — weiche nur unwesentlich von ω_0 ab $(|\omega_1 - \omega_0| \ll \omega_0)$. Unter diesen Voraussetzungen interessieren uns die Verteilungen von Amplitude und Phase des summaren Prozesses

$$Y(t) = A(t) \cdot \cos\left(\omega_1 t + \varphi'(t)\right) + X_1(t) \cdot \cos \omega_0 t - X_2(t) \times \sin \omega_0 t = \gamma(t) \cdot \cos\left(\omega_0 t + \delta(t)\right) \tag{2.141}$$

bei gegebenen $A(t)$ und $\varphi'(t)$, d. h. die bedingten Verteilungen $p_2(\gamma, \delta/A, \varphi')$ und $p_4(\gamma, \gamma_\tau, \delta, \delta_\tau/A, \varphi')$[1]. Hier wurden wieder die Bezeichnungen $\gamma = \gamma(t)$; $\gamma_\tau = \gamma(t + \tau)$; $\delta_\tau = \delta(t + \tau)$ und $\delta = \delta(t)$ verwendet, die im weiteren auch sinngemäß auf $A = A(t)$ und $\varphi' = \varphi'(t)$ ausgedehnt werden. Amplitude und Phase des summaren Prozesses werden durch die Gleichungen

$$\gamma = \sqrt{A^2 + 2A(X_1 \cdot \cos\varphi + X_2 \cdot \sin\varphi) + X_1{}^2 + X_2{}^2},$$
$$\delta = \operatorname{arc\,tg} \frac{A \cdot \sin\varphi + X_2}{A \cdot \cos\varphi + X_1} \tag{2.142}$$

festgelegt, wobei $\varphi(t) = \varphi'(t) + (\omega_1 - \omega_0)\, t$.

Bei fixierten A und φ muß die inverse Transformation bezüglich X_1 und X_2 angegeben werden

$$X_1 = \gamma \cdot \cos\delta - A \cdot \cos\varphi,$$
$$X_2 = \gamma \cdot \sin\delta - A \cdot \sin\varphi \tag{2.143}$$

[1]) Genauer müßte geschrieben werden: $p_4(\gamma, \gamma_\tau, \delta, \delta_\tau | A, A_\tau, \varphi', \varphi_\tau')$.

Die JAKOBI-Determinante ist gleich γ, so daß wie im vorigen Fall

$$p_2(\gamma, \delta/A, \varphi) = \gamma \cdot p_{2,x}(x_1 = \gamma \cdot \cos \delta - A \cos \varphi, \\ x_2 = \gamma \cdot \sin \delta - A \cdot \sin \varphi).$$

Führt man die geforderte Substitution durch, so ergibt sich die Verbundverteilung von Amplitude und Phase zu

$$p_2(\gamma, \delta/A, \varphi) = \frac{\gamma}{2\pi \cdot \varrho_0} \exp\left[-\frac{\gamma^2 + A^2 - 2A \cdot \gamma \cdot \cos(\delta - \varphi)}{2\varrho_0}\right]. \tag{2.144}$$

Mit den gleichen Schritten gelangt man zur vierdimensionalen Verteilung

$$\begin{aligned} &p_4(\gamma, \gamma_\tau, \delta, \delta_\tau/A, \varphi) \\ &= \frac{\gamma \cdot \gamma_\tau}{(2\pi \cdot R)^2} \exp\Big[-\frac{1}{2R^2} \{\varrho_0(\gamma^2 + \gamma_\tau^2 + A^2 + A_\tau^2 - 2A \cdot \gamma \\ &\quad \times \cos(\delta - \varphi) - 2A_\tau \cdot \gamma_\tau \cdot \cos(\delta_\tau - \varphi_\tau)) \\ &\quad - 2\sqrt{\varrho_\tau^2 + s_\tau^2}\,(\gamma \cdot \gamma_\tau \cdot \cos(\delta_\tau - \delta - \beta) \\ &\quad - \gamma \cdot A_\tau \cos(\delta - \varphi_\tau + \beta) - \gamma_\tau A \cos(\delta_\tau - \varphi - \beta) \\ &\quad + A \cdot A_\tau \cdot \cos(\varphi_\tau - \varphi - \beta))\}\Big]. \end{aligned} \tag{2.145}$$

Aus der zweidimensionalen Verteilung können wieder die eindimensionalen Wahrscheinlichkeitsdichten von Amplitude und Phase abgeleitet werden. Dazu integrieren wir (2.144) zuerst über δ in den Grenzen $(-\pi, \pi)$ und erhalten

$$p_{1,\gamma}(\gamma/A, \varphi) = \frac{\gamma}{\varrho_0} \cdot \mathrm{e}^{-\frac{\gamma^2 + A^2}{2\varrho_0}} \cdot I_0\left(\frac{\gamma \cdot A}{\varrho_0}\right). \tag{2.146}$$

Die Verteilungsdichte der Phase lautet ($|\delta| \leqq \pi$)

$$p_{1,\delta}(\delta/A, \varphi) = \frac{1}{2\pi} \mathrm{e}^{-\frac{A^2}{2\varrho_0}} + \frac{A \cos(\delta - \varphi)}{2 \cdot \sqrt{2\pi \cdot \varrho_0}} \mathrm{e}^{-\frac{A^2 \cdot \sin^2(\delta - \varphi)}{2\varrho_0}} \\ \times \left[1 + \Phi\left(\frac{A \cdot \cos(\delta - \varphi)}{\sqrt{2\varrho_0}}\right)\right]. \tag{2.147}$$

Dabei ist $\Phi(x)$ das Wahrscheinlichkeitsintegral $\Phi(x) = \frac{2}{\sqrt{\pi}} \int_0^x dz \cdot e^{-z^2}$. Die bei $A = 0$ vorhandene statistische Unabhängigkeit zwischen Amplitude und Phase des Schmalbandprozesses geht also im allgemeinen Fall verloren — $p_2(\gamma, \delta/A, \varphi)$ ist nicht mehr als Produkt von $p_{1,\gamma}(\gamma/A, \varphi)$ und $p_{1,\delta}(\delta/A, \varphi)$ darstellbar. Auch die für Auswerterechnungen sehr bequeme Gleichverteilung der Phase geht verloren. Für sehr kleine $\frac{A}{\sqrt{\varrho_0}}$ (kleines Signal im Vergleich zum Rauschen) kann die Phasenverteilung nach TAYLOR-Entwicklung der einzelnen Glieder näherungsweise dargestellt werden als

$$p_{1,\delta}(\delta/A, \varphi) \approx \frac{1}{2\pi} + \frac{A}{2 \cdot \sqrt{2\pi \cdot \varrho_0}} + \frac{A^2}{4\pi \cdot \varrho_0}; \qquad |\delta| \leqq \pi, \tag{2.148}$$

d. h., die Wahrscheinlichkeitsdichte nähert sich wieder der Gleichverteilung.

3. Trägheitslose Nichtlinearitäten

Gewöhnlich lassen sich komplizierte nichtlineare Systeme in lineare Untersysteme und trägheitslose Nichtlinearitäten aufspalten. Dabei müssen zwei prinzipiell verschiedene Fälle unterschieden werden: Offene Systeme und geschlossene Systeme (oder Systeme mit Rückkopplungen).

In offenen Systemen (Abb. 12a) sind die trägheitslosen Nichtlinearitäten im allgemeinen Fall zwischen lineare Mehrpole eingeschaltet, wobei im Gegensatz zu geschlossenen Systemen an keiner der Schnittstellen (nach irgendeinem Mehrpol) Komponenten des entsprechenden Zustandsvektors auftreten, die direkt oder über andere Mehrpole an davorliegende Schnittstellen (Mehrpole) gelangen. In offenen Systemen ist auf Grund dieses Umstandes die Möglichkeit der sukzessiven Analyse gegeben: Die mehrdimensionalen Verteilungsdichten der Vektoren $\boldsymbol{Y}(t)$, $\boldsymbol{Z}(t), \ldots$ können nacheinander bestimmt werden, so, wie der vektorielle Eingangsprozeß $\boldsymbol{X}(t)$ das System und damit auch die trägheitslosen Nichtlinearitäten durchläuft

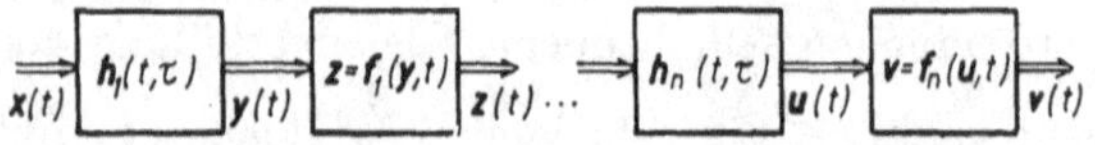

Abb. 12a. Darstellung eines offenen Mehrpols
$h(t, \tau)$ sind die Impulsübertragungsmatrizen der linearen Mehrpole; $f(., t)$ die Kennlinien der nichtlinearen Mehrpole, z. B. $z_k = f_{1,k} \times (y_1, \ldots, y_m, t)$

In geschlossenen Systemen (Abb. 12b) existiert diese Möglichkeit infolge der auftretenden Rückkopplungen nicht mehr. Trotzdem spielt die eigenständige Behandlung von trägheitslosen Nichtlinearitäten auch für die Analyse geschlossener Systeme eine große Rolle.

Wir werden uns hier im wesentlichen auf trägheitslose Vierpole beschränken, also auf den nichtlinearen Zusammenhang zwischen nur einer Eingangsgröße und einer Ausgangsgröße. Vorzugsweise sollen Näherungsverfahren betrachtet werden, da der in Abschnitt 2.2. erfolgten exakten Behandlung von Zufallsvektortransformationen außer der Erörterung wichtiger Einzelfälle kaum etwas hinzugefügt werden kann.

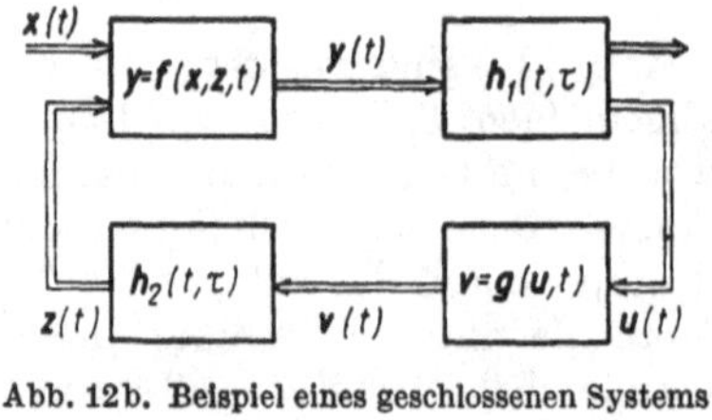

Abb. 12b. Beispiel eines geschlossenen Systems

3.1. Verfahren zur Berechnung der Ausgangsmomentenfunktionen eines trägheitslosen nichtlinearen Vierpols

Der Zusammenhang zwischen Ausgangs- und Eingangssignal eines trägheitslosen nichtlinearen Vierpols wird gegeben durch

$$Y(t) = f\big(X(t), t\big) \tag{3.1}$$

oder ohne explizite Betonung der Zeitabhängigkeiten

$$Y = f(X).$$

$f(X)$ sei eine stückweise stetige Kennlinie.

Die n-dimensionale Verteilung des Eingangsprozesses $p_{n,x}(x_1, \ldots, x_n, t_1, \ldots, t_n)$ bzw. seine charakteristische Funktion wird als bekannt angenommen. Zu bestimmen sind die statistischen Eigenschaften von $Y(t)$. Nach Abschnitt 2.1.2. ist die direkte Berechnung der mehrdimensionalen Verteilung des Ausgangsprozesses z. B. nach (2.15) mit der Lösung der Gleichung (3.1) verbunden und stellt sich häufig als unmöglich heraus. Außerdem ist selbst in den Fällen, in denen die n-dimensionale Ausgangsverteilung angegeben werden kann, die Bestimmug der Momenten- oder Korrelationsfunktionen häufig mit derartigen Integrationsschwierigkeiten verbunden, daß man auch hier gezwungen ist, nach bequemen Integrationsverfahren zu suchen.

In diesem Abschnitt soll deshalb eine Methode zur (näherungsweisen) Ableitung der Momentenfunktionen am Ausgang eines trägheitslosen nichtlinearen Vierpols behandelt werden, mit deren Hilfe die in der Praxis auftretenden Integrationsschwierigkeiten teilweise umgangen werden können.

Die Momentenfunktion s-ter Ordnung des Ausgangsprozesses ist

$$m_{s,y}(t_1, \ldots, t_s) = \langle Y_1 \times \cdots \times Y_s \rangle = \langle f_1(X_1) \times \cdots \times f_s(X_s) \rangle \tag{3.2}$$

mit $Y_i = Y(t_i)$, $X_i = X(t_i)$ und $f_i(X_i) = f(X_i, t_i)$.

Man kann auch die zentralen Momentenfunktionen vorziehen

$$\mu_{s,y}(t_1, \dots, t_s) = \langle (f_1(X_1) - \langle f_1(X_1)\rangle) \times \dots \times (f_s(X_s) - \langle f_s(X_s)\rangle)\rangle. \quad (3.3)$$

In beiden Fällen sind Integrale der Form

$$\langle g_1(X_1) \times \dots \times g_s(X_s)\rangle = \int_{-\infty}^{\infty} \mathrm{d}x_1 \dots \int_{-\infty}^{\infty} \mathrm{d}x_s \cdot g_1(x_1) \times \dots \times g_s(x_s) \cdot p_{s,x}(x_1, \dots, x_s, t_1, \dots, t_s) \quad (3.4)$$

zu bewältigen.

Typisch ist hier, daß der Mittelwert des Produktes von s-Funktionen interessiert, die jeweils nur von einem Argument abhängen. Deshalb liegt der Versuch nahe, die Mittelung über $X_1, X_2, \dots, X_s$ in Mittelungsanweisungen nur über X_1 bzw. nur über X_2 usw. aufzuspalten, um so die in vielen Fällen mit großen Schwierigkeiten verbundene s-fach-Integration zu umgehen.

Das Verfahren läßt sich an Hand des zweidimensionalen Falles gut illustrieren, bei dem

$$\langle g_1(X_1) \cdot g_2(X_2)\rangle = \int_{-\infty}^{\infty} \mathrm{d}x_1 \int_{-\infty}^{\infty} \mathrm{d}x_2 \cdot g_1(x_1) \cdot g_2(x_2) \times p_{2,x}(x_1, x_2, t_1, t_2). \quad (3.5)$$

Eine bequeme Aufspaltung der Doppelintegration ergibt sich bei Verwendung der charakteristischen Funktion

$$p_{2,x}(x_1, x_2, t_1, t_2) = \frac{1}{(2\pi j)^2} \int_{-j\infty}^{j\infty} \mathrm{d}p_1 \int_{-j\infty}^{j\infty} \mathrm{d}p_2 \cdot \mathrm{e}^{-p_1 \cdot x_1 - p_2 \cdot x_2} \times h_2(p_1, p_2, t_1, t_2), \quad (3.6)$$

die folgendermaßen dargestellt werden soll

$$h_2(p_1, p_2, t_1, t_2) = h_1(p_1, t_1) \cdot h_1(p_2, t_2) \cdot h_{T,2}(p_1, p_2, t_1, t_2). \quad (3.7)$$

$h_{T,2}(p_1, p_2)$ charakterisiert den Grad der statistischen Kopplung zwischen den Zufallsgrößen X_1 und X_2. Sind beide unabhängig, dann wird

$$h_2(p_1, p_2) = h_1(p_1) \cdot h_1(p_2) \quad \text{bzw.} \quad h_{T,2}(p_1, p_2) = 1 .$$

Auf Grund der bekannten Eigenschaften der charakteristischen Funktion gilt weiterhin (s. Kap. 3 in [12])

$$h_{T,2}(p_1, 0, t_1, t_2) = h_{T,2}(0, p_2, t_1, t_2) = 1 \tag{3.8}$$

und

$$h_{T,2}(p_1, p_2, t_1, t_2) = h_{T,2}(p_2, p_1, t_2, t_1) . \tag{3.9}$$

Der Mittelwert $\langle g_1(X_1) \cdot g_2(X_2) \rangle$ kann nun durch Substitution von (3.6—7) in (3.5) überführt werden in

$$\begin{aligned} &\langle g_1(X_1) \cdot g_2(X_2) \rangle \\ &= \frac{1}{(2\pi j)^2} \int\limits_{-\infty}^{\infty} \mathrm{d}x_1 \int\limits_{-\infty}^{\infty} \mathrm{d}x_2 \, g_1(x_1) \cdot g_2(x_2) \int\limits_{-j\infty}^{j\infty} \mathrm{d}p_1 \int\limits_{-j\infty}^{j\infty} \mathrm{d}p_2 \\ &\times e^{-p_1x_1 - p_2x_2} \cdot h_1(p_1) \cdot h_1(p_2) \cdot h_{T,2}(p_1, p_2) . \end{aligned} \tag{3.10}$$

Die Auftrennung in Einzelintegrationen wird durch TAYLOR-Zerlegung des Verbundterms $h_{T,2}(p_1, p_2)$ erreicht

$$\begin{aligned} &h_{T,2}(p_1, p_2, t_1, t_2) \\ &= \sum_{\nu=0}^{\infty} \sum_{\mu=0}^{\infty} \frac{1}{\nu! \, \mu!} \cdot \frac{\partial^{\nu+\mu} h_{T,2}(p_1, p_2, t_1, t_2)}{\partial p_1^{\nu} \cdot \partial p_2^{\mu}} \bigg|_{p_1 = p_2 = 0} \cdot p_1^{\nu} \cdot p_2^{\mu} . \end{aligned} \tag{3.11}$$

Da die Zerlegungskoeffizienten von $h_{T,2}$ noch im weiteren benötigt werden, sollen sie etwas frei als Kopplungsfunktionen bezeichnet und durch das Symbol

$$\beta_{\nu+\mu}(\underbrace{t_1, \ldots, t_1}_{\nu\text{-mal}}, \underbrace{t_2, \ldots, t_2}_{\mu\text{-mal}}) = \frac{\partial^{\nu+\mu} h_{T,2}(p_1, p_2, t_1, t_2)}{\partial p_1^{\nu} \cdot \partial p_2^{\mu}} \bigg|_{p_1 = p_2 = 0} \tag{3.12}$$

gekennzeichnet werden. Infolge der Symmetrie von $h_{T,2}(p_1, p_2)$ dürfen die Argumente der Kopplungsfunktion beliebig vertauscht werden.

Man gewinnt mit (3.11—12)

$$\langle g_1(X_1) \cdot g_2(X_2)\rangle$$
$$= \sum_{\nu=0}^{\infty} \sum_{\mu=0}^{\infty} \frac{1}{\nu!\,\mu!}\, \beta_{\nu+\mu}(\underbrace{t_1, \ldots, t_1}_{\nu\text{-mal}}, \underbrace{t_2, \ldots, t_2}_{\mu\text{-mal}}) \cdot \int_{-\infty}^{\infty} \mathrm{d}x_1 \int_{-\infty}^{\infty} \mathrm{d}x_2 \cdot g_1(x_1)$$
$$\times g_2(x_2) \cdot \frac{1}{(2\pi j)^2} \int_{-j\infty}^{j\infty} \mathrm{d}p_1 \cdot p_1^{\nu} h_1(p_1)\, \mathrm{e}^{-p_1 x_1} \cdot \int_{-j\infty}^{j\infty} \mathrm{d}p_2 \cdot p_2^{\mu} \cdot h_1(p_2) \cdot \mathrm{e}^{-p_2 x_2}.$$

Die beiden letzten Integrale sind den Ausdrücken $\left(-\frac{\partial}{\partial x}\right)^{\nu} \int_{-j\infty}^{j\infty} \mathrm{d}p_1 h_1(p)\, \mathrm{e}^{-px}$ äquivalent, die ihrerseits mit den entsprechenden Ableitungen der eindimensionalen Wahrscheinlichkeitsdichte übereinstimmen

$$\frac{1}{2\pi j} \int_{-j\infty}^{j\infty} \mathrm{d}p_s \cdot p_s^{\nu} \cdot h_1(p_s, t_s) \cdot \mathrm{e}^{-p_s \cdot x_s} = \left(-\frac{\partial}{\partial x_s}\right)^{\nu} \cdot p_1(x_s, t_s).$$

Demzufolge gilt

$$\langle g_1(X_1) \cdot g_2(X_2)\rangle$$
$$= \sum_{\nu=0}^{\infty} \sum_{\mu=0}^{\infty} \frac{1}{\nu!\,\mu!}\, \beta_{\nu+\mu}(\underbrace{t_1, \ldots, t_1}_{\nu}, \underbrace{t_2, \ldots, t_2}_{\mu}) \cdot \int_{-\infty}^{\infty} \mathrm{d}x_1 \cdot g_1(x_1)$$
$$\times \left(-\frac{\partial}{\partial x_1}\right)^{\nu} \cdot p_1(x_1, t_1) \cdot \int_{-\infty}^{\infty} \mathrm{d}x_2 \cdot g_2(x_2) \cdot \left(-\frac{\partial}{\partial x_2}\right)^{\mu} \cdot p_1(x_2, t_2).$$

Nach ν bzw. μ-facher partieller Integration unter der Voraussetzung, daß

$$\left[\frac{\partial^r}{\partial x^r}\, g(x)\right] \cdot \left[\frac{\partial^{\nu-r}}{\partial x^{\nu-r}}\, p_1(x)\right]\Bigg|_{x=-\infty}^{x=\infty} = 0; \quad r = 1, \ldots, (\nu - 1), \tag{3.13}$$

gelangt man zum gesuchten Ergebnis

$$\langle g_1(X_1) \cdot g_2(X_2) \rangle = \sum_{\nu=0}^{\infty} \sum_{\mu=0}^{\infty} \frac{1}{\nu!\,\mu!}\, \beta_{\nu+\mu}(t_1, \ldots, t_1, t_2, \ldots, t_2) \times \left\langle \frac{\partial^\nu g_1(X_1)}{\partial x_1^{\,\nu}} \right\rangle \cdot \left\langle \frac{\partial^\mu g_2(X_2)}{\partial x_2^{\,\mu}} \right\rangle \tag{3.14}$$

Die Bedingung (3.13) stellt keine wesentliche Einschränkung dar, da $p_1(x)$ und ihre Ableitungen in der Regel für $|x| \to \infty$ mindestens wie $x^k \cdot e^{-\alpha|x|}$ gegen Null streben, häufig sogar wie $x^k \cdot e^{-\alpha x^2}$. Man beachte weiterhin, daß die Existenz der Ableitungen $\frac{\partial^\nu g_1(x_1)}{\partial x_1^{\,\nu}}$ im verallgemeinerten Sinne hinreichend ist, wenn nur $p_1(x_1)$ in den Unstetigkeitspunkten von $g_1(x_1)$ und ihrer Ableitungen $\frac{\partial^\nu g_1(x_1)}{\partial x_1^{\,\nu}}$ genügend oft differenziert werden kann.

Die Ausdehnung der beschriebenen Mittelungsmethode auf mehr als zwei Funktionen liegt auf der Hand

$$\langle g_1(X_1) \times \cdots \times g_s(X_s) \rangle = \sum_{k_1=0}^{\infty} \cdots \sum_{k_s=0}^{\infty} \frac{1}{k_1! \cdot k_2! \times \cdots \times k_s!}\, \beta_{k_1+k_2+\cdots+k_s}(\underbrace{t_1, \ldots, t_1}_{k_1}, \underbrace{t_2, \ldots, t_2}_{k_2}, \ldots, \underbrace{t_s, \ldots, t_s}_{k_s}) \times \left\langle \frac{\partial^{k_1} g_1(X_1)}{\partial x_1^{\,k_1}} \right\rangle \cdot \left\langle \frac{\partial^{k_2} g_2(X_2)}{\partial x_2^{\,k_2}} \right\rangle \times \cdots \times \left\langle \frac{\partial^{k_s} g_s(X_s)}{\partial x_s^{\,k_s}} \right\rangle. \tag{3.15}$$

Hier sind

$$\beta_{k_1+k_2+\cdots+k_s}(\underbrace{t_1, \ldots, t_1}_{k_1}, \underbrace{t_2, \ldots, t_2}_{k_2}, \underbrace{t_s, \ldots, t_s}_{k_s}) = \left. \frac{\partial^{k_1+k_2+\cdots+k_s} h_{T,s}(p_1, p_2, \ldots, p_s, t_1, t_2, \ldots, t_s)}{\partial p_1^{\,k_1} \partial p_2^{\,k_2} \ldots \partial p_s^{\,k_s}} \right|_{p_1 p_2 = \cdots = p_s = 0} \tag{3.16}$$

und

$$h_{T,s}(p_1,\ldots,p_s,t_1,\ldots,t_s)=\frac{h_s(p_1,\ldots,p_s,t_1,\ldots,t_s)}{h_1(p_1,t_1)\times\cdots\times h_1(p_s,t_s)} \tag{3.17}$$

(die Zeitargumente werden mitunter weggelassen).

Die Kopplungsfunktionen $\beta_s(t_1,\ldots,t_s)$ weisen bezüglich der Vertauschbarkeit ihrer Argumente die gleichen Eigenschaften wie die Momenten- oder Korrelationsfunktionen auf, da $h_{T,s}(p_1,\ldots,p_s,t_1,\ldots,t_s)$ invariant gegenüber Vertauschung der Paare p_i, t_i und p_j, t_j ist. Der Index der Kopplungsfunktion $\beta_s(t_i,t_j,\ldots,t_k)$ gibt an, wie oft differenziert wurde, während die Indizies der Zeitargumente darauf hinweisen, nach welchen Argumenten p_i die Differentiation erfolgte. Man bemerkt sofort, daß die Kopplungsfunktion s-ter Ordnung von der Dimension der charakteristischen Funktion unabhängig ist; anders ausgedrückt, wie auch bei den Korrelationsfunktionen bestimmt die Anzahl der voneinander verschiedenen Zeitargumente auf Grund der Anschlußbedingung

$$\begin{aligned}&h_{T,s}(p_1,p_2,\ldots,p_{s-1},0,t_1,t_2,\ldots,t_{s-1},t_2)\\&=h_{T,s-1}(p_1,p_2,\ldots,p_{s-1},t_1,t_2,\ldots,t_{s-1}),\end{aligned} \tag{3.18}$$

die zur Ableitung der Kopplungsfunktion notwendige Dimension von $h_{T,s}$.

Die Kopplungsfunktion ist eng mit der zentralen Momentenfunktion verwandt. Es läßt sich sogar ein direkter Zusammenhang zwischen beiden herstellen, der als allgemeine Vorschrift zur Ableitung der Kopplungsfunktionen verwendbar ist. Dazu muß lediglich die Verbindung zwischen zentralen Momentenfunktionen und Korrelationsfunktionen herangezogen werden. In der Tat, nach (3.16—17) gilt unter Heranziehung der Reihenentwicklung des Logarithmus der charakteristischen Funktion

$$\beta_{k_1+k_2+\cdots+k_s}(\underbrace{t_1,\ldots,t_1}_{k_1},\ldots,\underbrace{t_s,\ldots,t_s}_{k_s})$$

$$=\frac{\partial^{k_1+k_2+\cdots+k_s}}{\partial p_1^{k_1}\partial p_2^{k_2}\ldots\partial p_s^{k_s}}\,e^{v_s(p_1,p_2,\ldots,p_s,t_1,t_2,\ldots,t_s)}\Big|_{p_1=p_2=\cdots=p_s=0} \tag{3.19}$$

wobei

$$
\begin{aligned}
& v_s(p_1, \ldots, p_s, t_1, \ldots, t_s) \\
&= \ln h_s(p_1, \ldots, p_s, t_1, \ldots, t_s) - \sum_{r=1}^{s} \ln h_1(p_r t_r) \\
&= \frac{1}{2!} \sum_{\substack{s_1=1 \\ s_1 \neq s_2}}^{s} \sum_{s_2=1}^{s} k_2(t_{s_1}, t_{s_2}) \cdot p_{s_1} \cdot p_{s_2} \\
&+ \frac{1}{3!} \sum_{\substack{s_1=1 \\ s_1 \neq s_2 \neq s_3}}^{s} \sum_{s_2=1}^{s} \sum_{s_3=1}^{s} k_3(t_{s_1}; t_{s_2}; t_{s_3}) \cdot p_{s_1} \cdot p_{s_2} \cdot p_{s_3} + \cdots
\end{aligned}
\tag{3.20}
$$

Die Summation in der ersten Doppelsumme erfolgt über alle s_1 und s_2 außer über die Glieder $k_2(t_{s_1}, t_{s_1}) \cdot p_{s_1}^2$, in der Dreifachsumme über s_1, s_2 und s_3 außer den Gliedern $k_3(t_{s_1}, t_{s_1}, t_{s_1}) \cdot p_{s_1}^3$ usw. Die Glieder mit Korrelationsfunktionen nur eines Argumentes verschwinden. $h_{T,s}(p_1, \ldots, p_s, t_1, \ldots, t_s)$ stimmt demzufolge mit $\exp\left[-\sum_{r=1}^{s} p_r \cdot m_1(t_r)\right] \cdot h_s(p_1, \ldots, p_s, t_1, \ldots, t_s)$ überein, wenn diejenigen Korrelationsfunktionen, die nur gleiche Zeitargumente aufweisen, Null gesetzt werden. Da aber die zentrale Momentenfunktion definiert ist als

$$
\begin{aligned}
& \mu_{k_1+\cdots+k_s}\, t_1, \ldots (t_1, \ldots t_s, \ldots t_s) \\
&= \frac{\partial^{k_1+\cdots+k_s}}{\partial p_1^{k_1} \ldots \partial p_s^{k_s}} e^{-\sum_{r=1}^{s} p_r \cdot m_1(t_r)} \cdot h_s(p_1, \ldots, p_s, t_1, \ldots, t_s) \Big|_{p_1=\cdots=p_s=0}
\end{aligned}
$$

erhält man folgende symbolische Vorschrift für die Bildung der Kopplungsfunktionen

$$
\begin{aligned}
& \beta_{k_1+\cdots+k_s}(\underbrace{t_1, \ldots, t_1}_{k_1}, \ldots \underbrace{t_s, \ldots, t_s}_{k_s}) \\
&= \mu_{k_1+\cdots+k_s}(\underbrace{t_1, \ldots, t_1}_{k_1}, \ldots \underbrace{t_s, \ldots, t_s}_{k_s}) \Big|_{\substack{k_2(t_i, t_i) = k_3(t_i, t_i, t_i) \\ = \cdots = k_{\max} k_j(t_i, \ldots, t_i) = 0}}
\end{aligned}
\tag{3.21}
$$

Formel (3.21) bedeutet, daß die zentrale Momentenfunktion durch die entsprechenden Korrelationsfunktionen auszudrücken ist, wobei diejenigen Korrelationsfunktionen Null gesetzt werden müssen, die nur gleiche Zeitargumente aufweisen.

Aus dieser Anweisung folgt

$$\beta_0 = 1 \tag{3.22a}$$

$$\beta_1(t) = \beta_2(t, t) = \cdots = \beta_s(\underbrace{t, t, \ldots, t}_{s}) = 0. \tag{3.22b}$$

Die Kopplungsfunktionen niederer Ordnung sind (s. (3.38) in [12])

$$\beta_2(t_1, t_2) = k_2(t_1, t_2), \beta_2(t_1, t_1) = 0 \tag{3.22c}$$

$$\beta_3(t_1, t_2, t_3) = k_3(t_1, t_2, t_3), \quad \beta_3(t_1, t_1, t_2) = k_3(t_1, t_1, t_2);$$
$$\beta_3(t_1, t_1, t_1) = 0, \tag{3.22d}$$

$$\left.\begin{aligned} \beta_4(t_1, t_2, t_3, t_4) &= k_4(t_1, t_2, t_3, t_4) + k_2(t_1, t_2) \cdot k_2(t_2, t_4) \\ &\quad + k_2(t_1, t_3) \cdot k_2(t_2, t_4) + k_2(t_1, t_4) \cdot k_2(t_2, t_3), \\ \beta_4(t_1, t_1, t_2, t_3) &= k_4(t_1, t_2, t_3) + 2k_2(t_1, t_2) \cdot k_2(t_1, t_3), \\ \beta_4(t_1, t_1, t_2, t_2) &= k_4(t_1, t_1, t_2, t_2) + 2k_2{}^2(t_1, t_2), \\ \beta_4(t_1, t_1, t_1, t_2) &= k_4(t_1, t_1, t_1, t_2), \\ \beta_4(t_1, t_1, t_1, t_1) &= 0. \end{aligned}\right\} \tag{3.22e}$$

Wichtig ist, daß die Kopplungsfunktionen nicht vom Mittelwert des Prozesses abhängen.

Für GAUSSverteilte Zufallsprozesse lassen sich zumindest die Kopplungsfunktionen zweier Zeitargumente und beliebiger Ordnung sehr einfach ableiten. Es gilt

$$h_{T,2}(p_1, p_2, t_1, t_2) = e^{p_1 \cdot p_2 \cdot k_2(t_1, t_2)}$$

und unter Verwendung der Produktenregel

$$\frac{\partial^{k_1+k_2} h_{T,2}(p_1, p_2)}{\partial p_1{}^{k_1} \partial p_2{}^{k_2}} = \sum_{r=0}^{k_2} \binom{k_2}{r} \cdot \left(p_1 \cdot k_2(t_1, t_2)\right)^r$$
$$\times \frac{\partial^{k_2-r}\left(p_2 \cdot k_2(t_1, t_2)\right)^{k_1}}{\partial p_2{}^{k_2-r}} \cdot e^{p_1 \cdot p_2 \cdot k_2(t_1, t_2)}.$$

Setzt man $p_1 = p_2 = 0$, so wird

$$\beta_{k_1+k_2}(\underbrace{t_1, \ldots, t_1}_{k_1}, \underbrace{t_2, \ldots, t_2}_{k_2}) = \delta_{k_1,k_2} \cdot k_1! \cdot [k_2(t_1, t_2)]^{k_1} \tag{3.23}$$

($\delta_{k,l}$ — KRONEKKER-Symbol).

Mit den eingeführten Kopplungsfunktionen können die Momentenfunktionen am Ausgang eines trägheitslosen nichtlinearen Vierpols unter Umgehung der entsprechenden Mehrfachintegrationen berechnet werden. Im Falle eines GAUSSverteilten Eingangsprozesses ergibt sich z. B. die Ausgangskorrelationsfunktion unter Beachtung von (3.23)

$$k_{2,y}(t_1, t_2) = \sum_{\nu=2}^{\infty} \frac{[k_{2,x}(t_1, t_2)]^\nu}{\nu!} \cdot \left\langle \frac{\partial^\nu f(X_1, t_1)}{\partial X_1{}^\nu} \right\rangle \cdot \left\langle \frac{\partial^\nu f(X_2, t_2)}{\partial X_2{}^\nu} \right\rangle \tag{3.24}$$

$\bigl(Y = f(X, t)\bigr)$. Hier wurde berücksichtigt, daß für $\nu > 1$ $\frac{\partial^\nu\bigl(f(X) - \langle f(X)\rangle\bigr)}{\partial X^\nu} = \frac{\partial^\nu f(X)}{\partial X^\nu}$ und weiterhin (3.23) in (3.14) substituiert.

Natürlich trägt die behandelte Methode den Charakter eines Näherungsverfahrens: Die Umgehung der Mehrfachintegration wird um den Preis des Überganges zu Mehrfachsummen erkauft, wobei im allgemeinen Fall nur eine endliche Anzahl von Summanden berücksichtigt werden kann. Trotz dieses Nachteils wird man sehr häufig gezwungen sein, dieses oder andere Näherungsverfahren heranzuziehen, um überhaupt Aussagen über die interessierenden Momenten- respektive Korrelationsfunktionen niederer Ordnung zu erhalten.

3.2. Polynominal-Kennlinien

Betrachten wir einen nichtlinearen trägheitslosen Vierpol, dessen Kennlinie durch ein Polynom q-ten Grades gegeben ist

$$Y = Q(X, t) = a_0(t) + a_1(t) \cdot X + \ldots a_q(t) \cdot X^q. \tag{3.25}$$

Derartige Kennlinien spielen in vielen Anwendungsbereichen eine große Rolle, um so mehr, als eine beliebige, stetige Nichtlinearität $y = f(x, t)$, die innerhalb eines Intervalls der x-Achse definiert ist, nach einem Satz von Weierstrass mit beliebiger Genauigkeit durch ein Polynom approximiert werden kann, wobei natürlich die Approximationsgenauigkeit vom Grad des Polynoms abhängt.

Die im allgemeinen Fall zeitabhängigen Koeffizienten $a_k = a_k(t)$ können bei Approximation einer gegebenen Kennlinie durch ein Polynom vorgegebenen Grades für verschiedene Genauigkeitskriterien (mittlerer quadratischer Fehler, Absolutwert der Abweichung usw.) verschieden sein. Auf das Problem der zweckmäßigen Approximation soll in Abschnitt III.3. eingegangen werden.

Es wird also angenommen, daß die reale Vierpolcharakteristik exakt oder näherungsweise durch ein Polynom der Art (3.25) mit bekannten Koeffizienten a_k dargestellt werden kann. Die Wahrscheinlichkeitscharakteristika des stochastischen Eingangsprozesses $X(t)$ seien bekannt. Zu bestimmen sind wieder die statistischen Eigenschaften des Ausgangsprozesses $Y(t)$.

Die einführenden Bemerkungen des vorigen Abschnitts bezüglich der direkten Berechnung der Verteilungsdichten des Ausgangsprozesses sind auch hier aktuell, da die Lösung der Gleichung (3.25) selbst für $q = 3, 4$ Schwierigkeiten bereitet und für $q > 5$ unmöglich wird. Das Auffinden der Momentenfunktionen bereitet bei Polynominal-Kennlinien zum Glück jedoch keine prinzipiellen Schwierigkeiten.

Durch Mittelung von (3.25) gewinnt man z. B. die Momentenfunktion erster Ordnung

$$\langle Y(t) \rangle = m_{1,y}(t) = a_0(t) + a_1(t) \cdot m_{1,x}(t) + a_2(t) \times m_{2,x}(t, t) + \cdots + a_q(t) \cdot m_{q,x}(t, \ldots, t). \quad (3.26)$$

Werden die Ausdrücke für $Y(t_1)$ und $Y(t_2)$ miteinander

multipliziert und danach gemittelt, so ergibt sich

$$\langle Y(t_1) \cdot Y(t_2) \rangle = m_{2,y}(t_1, t_2) = \sum_{k=0}^{q} \sum_{l=0}^{q} a_k(t_1) \cdot a_l(t_2) \times m_{k+l,x}(\underbrace{t_1, \ldots, t_1}_{k}, \underbrace{t_2, \ldots, t_2}_{l}). \tag{3.27}$$

Formal läßt sich auf analoge Weise sofort die Momentenfunktion s-ter Ordnung ableiten

$$m_{s,y}(t_1, \ldots, t_s) = \sum_{k_1=1}^{q} \cdots \sum_{k_s=1}^{q} a_{k_1}(t_1) \times \cdots \times a_{ks}(t_s) \times m_{k_1+\cdots+k_s,x}\,(\underbrace{t_1, \ldots, t_1}_{k_1}, \ldots \underbrace{t_s, \ldots, t_s}_{k_s}), \tag{3.28}$$

deren praktische Berechnung allerdings mit hohem Rechenaufwand verbunden ist.

Zieht man die zentralen Momentenfunktionen vor, so ist es zweckmäßig, die Darstellung (3.25) mit Hilfe der Substitution $X = X_0 + m_{1,x}(t)$ umzuformen

$$Y = \sum_{k=0}^{q} a_k \cdot (X_0 + m_{1,x})^k = \sum_{k=0}^{q} \tilde{a}_k \cdot X_0{}^k. \tag{3.29}$$

Durch Koeffizientenvergleich folgt dabei

$$\begin{aligned}
\tilde{a}_q &= a_q, \\
\tilde{a}_{q-1} &= a_{q-1} + q \cdot m_{1,x} \cdot a_q, \\
&\cdot \quad \cdot \quad \cdot \quad \cdot \\
\tilde{a}_s &= a_s + (s+1) \cdot m_{1,x} \cdot a_{s+1} + \binom{s+2}{2} \cdot m_{1,x}^2 \\
&\quad \times a_{s+2} + \cdots + \binom{q}{q-s} \cdot m_{1,x}^{q-s} \cdot a_q; \qquad s = 0, 1, \ldots, q.
\end{aligned} \tag{3.30}$$

Nach Subtraktion des Mittelwertes $\langle Y(t) \rangle = \sum_{k=0}^{q} \tilde{a}_k \cdot \langle X_0{}^k \rangle$ auf beiden Seiten der Gleichung (3.29) gewinnt man die

Darstellung für Y_0

$$Y_0 = \sum_{k=0}^{q} A_k \cdot X_0{}^k, \tag{3.31}$$

wobei infolge $\langle X_0 \rangle = 0$

$$A_0 = \tilde{a}_0 - \sum_{k=0}^{q} \tilde{a}_k \langle X_0{}^k \rangle = -\sum_{k=2}^{q} \tilde{a}_k \langle X_0{}^k \rangle;$$

$$A_k = \tilde{a}_k \quad \text{für} \quad k > 0.$$

Die Mittelung über die entsprechenden Produkte $\langle Y_0(t_1) \times \cdots \times Y_0(t_s) \rangle$ führt zu den gesuchten zentralen Momentenfunktionen

$$\mu_{s,y}(t_1, \ldots, t_s) = \sum_{k_1=0}^{q} \cdots \sum_{k_s=0}^{q} A_{k_1}(t_1) \times \cdots \times A_{k_s}(t_s)$$

$$\times \mu_{k_1+\cdots+k_s,x}(\underbrace{t_1, \ldots, t_1}_{k_1}, \ldots, \underbrace{t_s, \ldots, t_s}_{k_s}). \tag{3.32}$$

Im Prinzip lassen sich somit alle statistischen Beschreibungsgrößen des Ausgangsprozesses angeben. Bemerkenswert ist dabei der Umstand, daß die Momentenfunktionen des Ausgangsprozesses linear von den Eingangsmomenten abhängen, allerdings werden zur Bestimmung der Momentenfunktion s-ter Ordnung im allgemeinen Fall schon $q \cdot s$ Eingangsmomentenfunktionen benötigt.

Die Verallgemeinerung des beschriebenen Verfahrens auf Nichtlinearitäten in Form unendlicher Potenzreihen ist offensichtlich und beispielsweise für analytische Kennlinien, die ja in eine Taylor-Reihe entwickelt werden können, von Bedeutung.

Man kann nun offene Systeme, wie z. B. die Serienschaltung eines linearen Vierpols mit der Impulsübertragungsfunktion $g(t, \tau)$ und eines Polynominal-Vierpols, nach den Formeln (2.29) (bzw. den entsprechenden Ausdrücken für die zentralen Momentenfunktionen) und den Gleichungen (3.28) bzw. (3.33) schrittweise analysieren. Dabei ergibt sich folgende Situation (s. auch Abb. 13): Da die Momentenfunktion s-ter Ordnung am Ausgang des linearen Vierpols nur von der Momentenfunktion gleicher Ordnung des Eingangsprozesses $X(t)$ abhängt, kann jede interessierende Momentenfunktion des Aus-

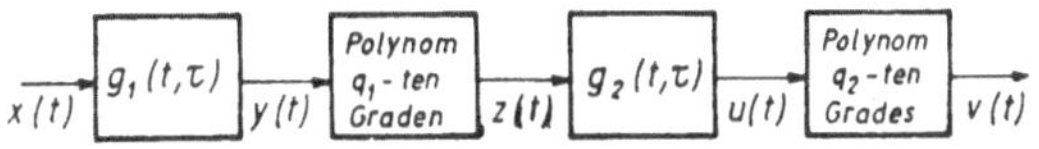

Abb. 13. Serienschaltung von linearen und Potenzvierpolen

gangsprozesses $Y(t)$ errechnet werden. Folgt auf den linearen Vierpol ein Polynominal-Vierpol des Grades q_1, so sind zur Bestimmung der s-ten Momentenfunktion von $Z(t)$ schon $q_1 \cdot s$ Momentenfunktionen des Prozesses $Y(t)$ notwendig. Praktisch kann jedoch nur eine bestimmte Anzahl von Momentenfunktionen, sagen wir bis zur Ordnung s_1, errechnet werden. Mit s_1 Mehrfachintegrationen (z. B. nach (2.29)) lassen sich dann auch die ersten s_1 Momentenfunktionen am Ausgang des nachgeschalteten linearen Vierpols angeben. Mit den zur Verfügung stehenden Momentenfunktionen bis zur Ordnung s_1 sollen jetzt die Momentenfunktionen am Ausgang des nachfolgenden Vierpols mit der Polynominal-Kennlinie q_2-ten Grades bestimmt werden. Bis zu welcher Ordnung ist das überhaupt möglich?

Offensichtlich müssen zur Ableitung der Momentenfunktionen s_2-ter Ordnung die $s_2 \times q_2$ niedrigsten Momentenfunktionen von $U(t)$ (am Eingang des letzten Vierpols) zur Verfügung stehen, d. h., es muß gelten

$$s_2 \leqq \frac{s_1}{q_1}.$$

Setzt man diese Überlegungen fort, so sieht man, daß

die Bedingung

$$s_k \leqq \frac{s}{q_1 \cdot q_2 \times \cdots \times q_k} \tag{3.33}$$

erfüllt sein muß, wenn die Momentenfunktion s_k-ter Ordnung am Ausgang des k-ten Polynominal-Vierpols angegeben werden soll und s Momentenfunktionen am Eingang des ersten Vierpols gegeben sind.

Die Ungleichung (3.33) weist eindringlich auf den schnell wachsenden Rechenaufwand bei der Serienschaltung mehrerer Nichtlinearitäten hin und läßt verständlich werden, warum so wenig Arbeiten zur Theorie stochastischer Systeme mit mehreren Nichtlinearitäten in der Fachliteratur existieren.

Trotz dieser Nachteile besteht ein wesentlicher Vorteil der Approximation realer Kennlinien durch Polynome darin, daß auch für geschlossene Systeme ein ziemlich universelles Näherungsverfahren zur Bestimmung der statistischen Eigenschaften des Ausgangsprozesses aufgebaut werden kann, welches selbst für zwei trägheitslose Nichtlinearitäten im System mit noch akzeptablem Rechenaufwand verbunden ist.

Zum Abschluß dieses Abschnitts sei darauf hingewiesen, daß die in offenen Systemen übliche Berechnung der Momentenfunktionen auch in einem Schritt durchgeführt werden kann.

Betrachten wir beispielsweise die Serienschaltung nur eines linearen Vierpols mit der Impulsübertragungsfunktion $g(t, \tau)$ und eines Polynominal-Vierpols. Substituiert man das Ausgangssignal des linearen Vierpols

$$Y(t) = \int_{-\infty}^{\infty} \mathrm{d}\tau \cdot g(t, \tau) \cdot X(t) \tag{3.34}$$

in die Polynom-Kennlinie des nachfolgenden nichtlinearen Vierpols

$$Z = \sum_{k=0}^{q} a_k(t) \cdot Y^k, \tag{3.35}$$

so wird

$$Z(t) = a_0(t) + \int_{-\infty}^{\infty} \mathrm{d}\tau \cdot a_1(t) \cdot g(t, \tau) \cdot X(\tau)$$
$$+ \int_{-\infty}^{\infty} \mathrm{d}\tau_1 \int_{-\infty}^{\infty} \mathrm{d}\tau_2 \, a_2(t) \cdot g(t, \tau_1) \, g(t, \tau_2) \cdot X(\tau_1) \cdot X(\tau_2)$$
$$+ \cdots + \int_{-\infty}^{\infty} \mathrm{d}\tau_1 \ldots \int_{-\infty}^{\infty} \mathrm{d}\tau_q \cdot a_q(t) \cdot g(t, \tau_1) \times \cdots \times g(t, \tau_q)$$
$$\times X(\tau_1) \times \cdots \times X(\tau_q) . \tag{3.36}$$

Die erhaltene Summe erinnert ihrer Form nach an die in Abschnitt I.5.4. erwähnte VOLTERRA-Reihe. Tatsächlich, die Kerne der VOLTERRA-Reihe genügen der Beziehung (1.80), die hier wegen $g(t, \tau) = 0$ für $\tau > t$ automatisch erfüllt wird. Die Kerne höherer als q-ter Ordnung sind identisch Null, deshalb bricht die VOLTERRA-Reihe hier nach dem q-ten Glied ab.

Die Ableitung der Momentenfunktionen s-ter Ordnung erfolgt in der gewohnten Weise: Zuerst Multiplikation der Ausdrücke für $Z(t_1), \ldots, Z(t_s)$, danach Mittelwertbildung, z. B.

$$m_{1,z}(t) = a_0(t) + \sum_{k=2}^{q} \int_{-\infty}^{\infty} \mathrm{d}\tau_1 \ldots \int_{-\infty}^{\infty} \mathrm{d}\tau_k \cdot h_k \, (t, \tau_1, \ldots, \tau_k)$$
$$\times m_{k,x}(\tau_1, \ldots, \tau_k) , \tag{3.37}$$

$$m_{2,z}(t_1, t_2) = a_0(t_1) \cdot m_{1,z}(t_2) + a_0(t_2) \cdot m_{1,z}(t_1) - a_0(t_1) \cdot a_0(t_2)$$
$$+ \sum_{k_1=1}^{q} \sum_{k_2=1}^{q} \int_{-\infty}^{\infty} \mathrm{d}\tau_1 \ldots \int_{-\infty}^{\infty} \mathrm{d}\tau_{k_1} \int_{-\infty}^{\infty} \mathrm{d}s_1 \ldots \int_{-\infty}^{\infty} \mathrm{d}s_{k_2} \cdot h_{k_1}(t_1, \tau_1, \ldots, \tau_{k_1})$$
$$\times h_{k_2}(t_2, s_1, \ldots, s_{k_2}) \cdot m_{k_1+k_2,x}(\tau_1, \ldots, \tau_{k_1}, s_1, \ldots, s_{k_2}) \tag{3.38}$$

usw., wobei

$$h_k(t, \tau_1, \ldots, \tau_k) = a_k(t) \cdot g(t, \tau_1) \times \cdots \times g(t, \tau_k) ; \; k > 0 . \tag{3.39}$$

Offene Systeme mit mehreren Nichtlinearitäten wie auch mit Polynominalkennlinien vom Typ

$$Y = Q(X_1, \ldots, X_m) = a_0 + \sum_{k=1}^{m} a_k \cdot X_k$$
$$+ \sum_{k_1=1}^{m} \sum_{k_2=1}^{m} a_{k_1,k_2} \cdot X_{k_1} \cdot X_{k_2} + \cdots + \sum_{k_1=1}^{m} \cdots \sum_{k_q=1}^{m} a_{k_1,\ldots,k_q}$$
$$\times X_{k_1} \times \cdots \times X_{k_q} \qquad (3.40)$$

lassen sich prinzipiell genau so behandeln, allerdings mit entsprechend wachsendem Aufwand.

3.3. Approximation nichtlinearer Kennlinien durch Polynome

Nach den Bemerkungen im vorigen Abschnitt wächst der Aufwand für die Analyse nichtlinearer Systeme mit Polynominalnichtlinearitäten sehr schnell mit steigendem Grad der entsprechenden Polynome. Will man also eine gegebene Systemnichtlinearität

$$Y = f(X, t)$$

durch ein Polynom approximieren, so ergibt sich die Forderung nach möglichst niedrigem Grad des Approximationspolynoms bei möglichst hoher Approximationsgenauigkeit. Dabei ist zu beachten, daß das Genauigkeitskriterium dem Zufallscharakter des Eingangssignals $X(t)$ angemessen sein sollte.

In der Regel werden aus der Theorie determinierter Funktionen entlehnte Verfahren des Übergangs von $f(t, X)$ zu einem Polynom $Q(t, X)$ verwendet, wie z. B. Taylor-Zerlegung der Nichtlinearität und Abbruch der Reihe nach einem bestimmten Glied oder Approximation durch Aufbau eines Interpolationspolynoms, wobei es natürlich genügt, nur innerhalb desjenigen Intervalls der x-Achse eine hohe Approximationsgenauigkeit zu fordern, in dem die Wahrscheinlichkeit des Auftretens von X genügend groß ist (z. B. [35]). Diese und andere ähnliche Verfahren (z. B. stückweise Linearisierung) sind von der statistischen Verteilung des Eingangsprozesses unabhängig (oder nahezu unabhängig). Eine wesentlich bessere Approximation im Sinne der möglichst exakten Erfassung der statistischen Eigenschaften des Systems wird jedoch erreicht, wenn man die Approximation den konkreten statistischen Eigenschaften des Eingangssignals anpaßt.

Bei derartiger „statistischer“ Approximation kann in den meisten Fällen der Grad des approximierenden Polynoms wesentlich geringer als bei „determinierten“ Approximationsmethoden gewählt werden, wenn gleiche Genauigkeitsforderungen gestellt werden. Für viele Fälle reicht beispielsweise schon ein Polynom ersten Grades (statistische Linearisierung), um die wesentlichsten Abhängigkeiten der statistischen Kenngrößen des Ausgangssignals richtig zu erfassen.

Ausgangspunkt der „statistischen“ Approximation ist ein Genauigkeitskriterium, das dem Zufallscharakter der Größe $Y = f(t, X)$ gerecht wird. Beispielsweise kann als Genauigkeitsmaß die Wahrscheinlichkeit der Abweichung zwischen $Y = f(t, X)$ und dem approximierenden Polynom $Q(t, X)$ herangezogen werden. Aus Bequemlichkeitsgründen zieht man jedoch die mittlere quadratische Streuung D der Differenz $f(t, X) - Q(t, X)$ vor

$$D = \langle [f(t, X) - Q(t, X)]^2 \rangle . \tag{3.41}$$

Je geringer D, um so besser ist die Approximationsgenauigkeit. Für $D = 0$ stimmen offensichtlich die beiden Prozesse $Y = f(t, X)$ und $Y' = Q(t, X)$ im quadratischen Mittel überein.

3.3.1. Orthogonale stochastische Polynome

Zur Lösung der Approximationsaufgabe muß ein System von Polynomen konstruiert werden, nach denen die nichtlineare Kennlinie $Y = f(X)$ so zerlegt werden kann, daß der Approximationsfehler D bei Abbruch der Reihe zum Minimum wird. Dazu eignen sich die sogenannten orthogonalen stochastischen Polynome [11], die unter Berücksichtigung der statistischen Eigenschaften von X aufgebaut werden.

Als stochastisches Polynom soll ein Polynom $\sum_{s=0}^{k} d_{k,s} \cdot X^s$ bezeichnet werden, dessen Koeffizienten $d_{k,s}$ von den Zufallseigenschaften der Größe X bzw. des Prozesses $X(t)$ abhängen. Die $d_{k,s}$ können von t abhängen, wenn die Wahrscheinlichkeitsdichte der Zufallsgröße X zeitabhängig ist (nichtstationärer Prozeß).

3.3.1.1. Definition der orthogonalen stochastischen Polynome

Das stochastische Polynom

$$\varphi_k(X) = \sum_{s=0}^{k} b_{k,s} \cdot X^s \tag{3.42}$$

wird orthogonal genannt, wenn die Orthogonalitätsbeziehung

$$\langle \varphi_k(X) \cdot \varphi_l(X) \rangle = \alpha_k \cdot \delta_{k,l} \tag{3.43}$$

erfüllt ist ($\delta_{k,l} = 0$ für $k \neq l$ und $\delta_{k,l} = 1$ für $k = l$). Offensichtlich gilt

$$\alpha_k = \langle \varphi_k^2(X) \rangle$$

$\varphi_0(X)$ kann willkürlich gleich Eins gesetzt werden. Dann ist der Mittelwert aller anderen orthogonalen stochastischen Polynome nach (3.43) gleich Null

$$\langle \varphi_k(X) \rangle = \langle \varphi_k(X) \cdot \varphi_0(X) \rangle = 0; \quad k > 0. \tag{3.44}$$

Um einfache Rekursionsbeziehungen zur Festlegung der Koeffizienten der Polynome zu gewinnen, soll das Polynom k-ten Grades durch X_0^k und Polynome niedrigeren Grades ausgedrückt werden, was offensichtlich immer eindeutig möglich ist.

$$\varphi_k(X) = X_0{}^k + a_{k,k-1} \cdot \varphi_{k-1}(X) + a_{k,k-2} \cdot \varphi_{k-2}(X) + \cdots + a_{k,0} \cdot \varphi_0(X). \tag{3.45}$$

$X_0 = X - \langle X \rangle = X - m_1(t)$ ist die zentrierte Zufallsfunktion. Der Koeffizient bei $X_0{}^k$ darf gleich Eins gesetzt werden, da damit nur dic Normierungskonstante α_k festgelegt wird.

Durch Substitution von (3.45) in (3.43) gewinnt man die Bestimmungsgleichungen für die $a_{k,s}(l < k)$

$$\langle \varphi_k(X) \cdot \varphi_l(X) \rangle = \left\langle \left[X_0{}^k + \sum_{s=0}^{k-1} a_{k,s} \cdot \varphi_s(X) \right] \cdot \varphi_e(X) \right\rangle$$

$$= \langle X_0{}^k \cdot \varphi_l(X) \rangle + \sum_{s=0}^{k} a_{k,s} \langle \varphi_s(X) \cdot \varphi_l(X) \rangle = 0.$$

Da aber nach (3.43) $\langle \varphi_s \cdot \varphi_l \rangle = \alpha_l \cdot \delta_{s,l}$, kann diese Gleichung einfach aufgelöst werden

$$a_{k,l} = -\frac{1}{\alpha_l} \langle X_0{}^k \cdot \varphi_l(X) \rangle; \quad k > l. \tag{3.46}$$

Der Fall $k = l$ führt zur Bestimmung von α_k

$$\langle \varphi_k{}^2(X) \rangle = \left\langle \left[X_0{}^k + \sum_{s=0}^{k-1} a_{k,s} \cdot \varphi_s(X) \right]^2 \right\rangle$$

$$= \langle X_0{}^{2k} \rangle + 2 \sum_{s=0}^{k-1} a_{k,s} \langle X_0{}^k \varphi_s(X) \rangle + \sum_{s=0}^{k-1} a_{k,s}^2 \cdot \alpha_s = \alpha_k.$$

Das letzte Glied wurde wieder unter Verwendung von (3.43) umgeformt. Beachtet man (3.46), so wird endgültig

$$\alpha_k = \langle X_0{}^{2k} \rangle - \sum_{s=0}^{k-1} a_{k,s}^2 \cdot \alpha_s. \tag{3.47}$$

Mit (3.45 bis 47) ist eine Rekursionsbeziehung zur Konstruktion der orthogonalen stochastischen Polynome gegeben. Ihre Auflösung beginnt bei $k = 0$

$$\varphi_0(X) = 1; \qquad \varphi_0 = 1.$$

Für $k = 1$ wird nach (3.46) $a_{1,0} = 0$ und nach (3.47) $\alpha_1 = \langle X_0^2 \rangle$, d. h.

$$\varphi_1(X) = X_0; \qquad \alpha_1 = \mu_2,$$

wobei $\mu_k = \mu_k(t, t, \ldots, t)$ das k-te zentrale Moment von $X(t)$ darstellt. Durch sukzessive Lösung der Gleichungen (3.46–47) für $k = 2$; $k = 3$ usw. erhält man

$$\varphi_0(X) = 1$$

$$\varphi_1(X) = X_0$$

$$\varphi_2(X) = X_0^2 - \frac{\mu_3}{\mu_2} X_0 - \mu_2$$

$$\varphi_3(X) = X_0^3 - \frac{\mu_5 - \frac{\mu_3 \cdot \mu_4}{\mu_2} - \mu_2 \cdot \mu_3}{\alpha_2} \cdot X_0^2 - \frac{\mu_4^2 - \mu_4 \cdot \mu_2^2 + \mu_3^2 \cdot \mu_2 - \mu_3 \cdot \mu_5}{\mu_2 \cdot \alpha_2} X_0 + \frac{1}{\alpha_2}\left(\mu_2 \cdot \mu_5 - 2\mu_3 \cdot \mu_4 + \frac{\mu_3^3}{\mu_2}\right)$$

$$\alpha_0 = 1$$

$$\alpha_1 = \mu_2$$

$$\alpha_2 = \mu_4 - \mu_2^2 - \frac{\mu_3^2}{\mu_2}$$

$$\alpha_3 = \mu_6 - \mu_3^2 - \frac{\mu_4^2}{\mu_2} - \frac{\left(\mu_5 - \frac{\mu_3 \cdot \mu_4}{\mu_2} - \mu_2 \cdot \mu_3\right)^2}{\alpha_2} \tag{3.48}$$

und im allgemeinen Fall

$$\varphi_k(X) = X_0{}^k - \sum_{s=0}^{k-1} \frac{\langle X_0{}^k \cdot \varphi_s(X)\rangle}{\alpha_s} \varphi_s(X);$$

$$\alpha_k = \mu_{2k} - \sum_{s=0}^{k-1} \frac{[\langle X_0{}^k \cdot \varphi_s(X)\rangle]^2}{\alpha_s}. \qquad (3.49)$$

Wenden wir uns jetzt der Zerlegung einer nichtlinearen Kennlinie $Y = f(X)$ nach orthogonalen stochastischen Polynomen zu. Die Funktion $f(X)$ soll mit der Wahrscheinlichkeitsdichte des Eingangsprozesses $p_1(x)$ als Gewichtsfunktion quadratintegrabel sein

$$\int_{-\infty}^{\infty} \mathrm{d}x \cdot p_1(x) \cdot f^2(x) = M < +\infty \qquad (3.50)$$

(Eventuelle Zeitabhängigkeiten von $f(X) \to f(X, t)$ und $p_1(x) \to p_1(x, t)$ werden der einfacheren Schreibweise zuliebe nicht mit angegeben.)

Da die orthogonalen stochastischen Polynome $\varphi_k(X)$ im Raum der quadratintegrablen Funktionen mit dem endlichen Maß $p_1(x)\,\mathrm{d}x$ ein vollständiges Orthogonalsystem bilden, kann $f(X)$ in eine Reihe nach $\varphi_k(X)$ zerlegt werden

$$f(X) = \sum_{k=0}^{\infty} c_k \cdot \varphi_k(X) = \sum_{k=0}^{\infty} \frac{\langle f(X) \cdot \varphi_k(X)\rangle}{\alpha_k} \cdot \varphi_k(X), \qquad (3.51)$$

wobei die Konvergenz im quadratischen Mittel

$$\underset{N\to\infty}{\mathrm{l.i.m}} \sum_{k=0}^{\infty} \frac{\langle f(X) \cdot \varphi_k(X)\rangle}{\alpha_k} \cdot \varphi_k(X) = f(X) \qquad (3.52)$$

gesichert ist [14].

Die Bestimmungsgleichung für die Zerlegungskoeffizienten wird nach Multiplikation der linken Gleichung von (3.51) mit $\varphi_k(X)$ und Mittelwertbildung unter Beachtung der Orthogonalität offensichtlich.

Bei Approximation der Nichtlinearität $f(X)$ durch eine endliche Summe $\sum_{k=0}^{N} \tilde{c}_k \cdot \varphi_k(X)$ wird gefordert, daß die mittlere quadratische Streuung D ihren Minimalwert annimmt

$$D_N = \left\langle \left[f(X) - \sum_{k=0}^{N} \tilde{c}_k \cdot \varphi_k(X) \right]^2 \right\rangle \to \min. \quad (3.53)$$

Man kann sich leicht überzeugen, daß das Minimum genau bei

$$\tilde{c}_k = c_k = \frac{\langle f(X) \cdot \varphi_k(X) \rangle}{\alpha_k}$$

erreicht wird, d. h.

$$f(X) \approx \sum_{k=0}^{N} \frac{\langle f(X) \cdot \varphi_k(X) \rangle}{\alpha_k} \cdot \varphi_k(X). \quad (3.54)$$

Der Approximationsfehler $\varepsilon_N = \sqrt{\frac{D_N}{\langle f^2 \rangle}}$ kann sofort bestimmt werden, da

$$D_N = \left\langle \left[f(X) - \sum_{k=0}^{N} \frac{\langle f(X) \cdot \varphi_k(X) \rangle}{\alpha_k} \cdot \varphi_k(X) \right]^2 \right\rangle$$
$$= \langle f^2(X) \rangle - \sum_{k=0}^{N} \frac{[\langle f(X) \cdot \varphi_k(X) \rangle]^2}{\alpha_k}. \quad (3.55)$$

Approximiert man $f(X)$ durch ein Polynom ersten Grades, so spricht man von statistischer Linearisierung

$$f(X) \approx \langle f(X) \rangle + \frac{\langle f(X) \cdot X_0 \rangle}{\langle X_0^2 \rangle} \cdot X_0. \quad (3.56)$$

Die Methode der statistischen Linearisierung hat sich ausgehend von den 1954 erschienenen Arbeiten KASAKOVS [8], [9] und BOOTONS [3], [4] einen festen Platz im Arsenal der bewährten Methoden zur Untersuchung nichtlinearer stochastischer Systeme gesichert. Ihre Leistungsfähigkeit möge ein Beispiel verdeutlichen:

3.3.1.2. Nichtlineare Kennlinie mit Sättigungscharakteristik

Die Nichtlinearität sei eine stückweise lineare Kennlinie folgender Form (s. Abb. 14)

$$f(X) = \begin{cases} 1; & X > \beta, \\ \dfrac{x}{\beta}; & -\beta \leqq X \leqq \beta, \\ -1; & X < -\beta. \end{cases} \tag{3.57}$$

Der Eingangsprozeß möge der Einfachheit halber GAUSS-verteilt sein und den Mittelwert Null besitzen $p_1(x) = (2\pi\sigma^2)^{-\frac{1}{2}} \exp\left[-\dfrac{x^2}{2\sigma^2}\right]$.

Wie man sich leicht an Hand der Gleichung $\mu_\nu = \dfrac{\partial^\nu}{\partial p^\nu} \times e^{\frac{1}{2}p^2\sigma^2}\Big|_{p=0}$ (s. (3.23) in [12]) überzeugen kann, sind dann seine Momentenfunktionen

$$\mu_{2k+1} = 0,$$

$$\mu_{2k} = (2k-1)(2k-3) \times \cdots \times 3 \cdot 1 \cdot \sigma^{2k} = (2k-1)!!\,\sigma^{2k}, \tag{3.58}$$

und die entsprechenden orthogonalen stochastischen Polynome

$$\begin{aligned}
\varphi_1(X) &= X, & \alpha_1 &= \sigma^2, \\
\varphi_2(X) &= X^2 - \sigma^2, & \alpha_2 &= 2 \cdot \sigma^4, \\
\varphi_3(X) &= X^3 - 3\sigma^2 \cdot X, & \alpha_3 &= 6 \cdot \sigma^6 = 3! \cdot \sigma^6, \\
\varphi_4(X) &= X^4 = 6\sigma^2 \cdot X^2 + 3\sigma^4, & \alpha_4 &= 24 \cdot \sigma^8 = 4! \cdot \sigma^8, \\
\varphi_5(X) &= X^5 - 10\sigma^2 X^3 + 15\sigma^4 \cdot X, & \alpha_5 &= 120\sigma^{10} = 5! \cdot \sigma^{10}.
\end{aligned} \tag{3.59}$$

Damit stehen alle für die Approximation der Nichtlinearität (3.57) benötigten Angaben zur Verfügung. Offensichtlich wird auf Grund der Antisymmetrie der Kennlinie und der Symmetrie der Verteilung

$$\langle f(X)\rangle = \langle f(X)\cdot\varphi_0(X)\rangle = 0.$$

Für den ersten Zerlegungskoeffizienten $\langle\varphi_1(X)\cdot f(X)\rangle$ gewinnt man

$$\langle\varphi_1\cdot f\rangle = \langle X\cdot f\rangle$$

$$= \frac{2}{\sqrt{2\cdot\pi\cdot\sigma^2}}\left[\frac{1}{\beta}\int\limits_0^\beta x^2\cdot e^{-\frac{x^2}{2\sigma^2}}\,dx + \int\limits_\beta^\infty x\cdot e^{-\frac{x^2}{2\sigma^2}}\cdot dx\right]$$

$$= \frac{\sigma^2}{\beta}\,\Phi\left(\frac{\beta}{\sqrt{2}\,\sigma}\right)$$

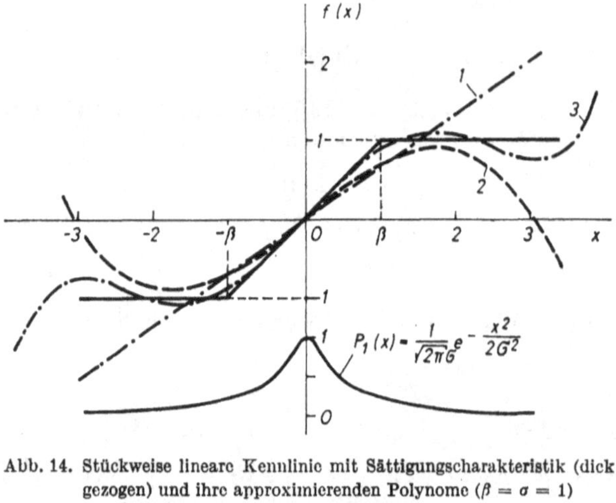

Abb. 14. Stückweise lineare Kennlinie mit Sättigungscharakteristik (dick ausgezogen) und ihre approximierenden Polynome ($\beta = \sigma = 1$)

1 – statistische Linearisierung nach (3.38)

2 – Polynom dritten Grades nach (3.39)

3 – Polynom fünften Grades nach (3.40)

Darunter ist die zugehörige GAUSS-Verteilung von x abgebildet

$\Phi(z)$ ist das sehr genau tabulierte Wahrscheinlichkeitsintegral

$$\Phi(z) = \frac{2}{\sqrt{\pi}} \int_0^z e^{-x^2} \cdot dx .$$

Im Rahmen der statistischen Linearisierung muß also $f(X)$ ersetzt werden durch

$$f(X) \approx \frac{\sigma}{\beta} \cdot \Phi\left(\frac{\beta}{\sqrt{2}\,\sigma}\right) \cdot \frac{X}{\sigma} . \tag{3.60}$$

Der dabei auftretende Approximationsfehler $\varepsilon_1 = \sqrt{\frac{D_1}{\langle f^2 \rangle}}$ ist nach (3.55)

$$\varepsilon_1 = \sqrt{\frac{\langle f^2 \rangle - \frac{1}{\sigma^2} (\langle X \cdot f \rangle)^2}{\langle f^2 \rangle}} ,$$

wobei

$$\langle f^2 \rangle = \frac{2}{\sqrt{2\pi} \cdot \sigma} \left[\int_0^\beta \frac{x^2}{\beta^2} \cdot e^{-\frac{x^2}{2\sigma^2}} \cdot dx + \int_\beta^\infty e^{-\frac{x^2}{2\sigma^2}} \cdot dx \right]$$

$$= 1 - \sqrt{\frac{2}{\pi}} \cdot \frac{\sigma}{\beta} e^{-\frac{\beta^2}{2\sigma^2}} - \left(1 - \frac{\sigma^2}{\beta^2}\right) \cdot \Phi\left(\frac{\beta}{\sqrt{2} \cdot \sigma}\right).$$

In Abb. 15 ist der Approximationsfehler ε_1 in Abhängigkeit von β/σ dargestellt. Je größer β im Vergleich zu σ ist, um so stärker ist die Wahrscheinlichkeitsdichte auf den linearen Abschnitt der Kennlinie konzentriert und um so geringer wird natürlich der Approximationsfehler. Bei $\beta/\sigma = 3$ beträgt er z. B. nur noch 2%, bei $\beta/\sigma = 2$ ca. 10%. Wichtig ist, daß selbst für $\beta/\sigma = 0$ noch eine Approximationsgenauigkeit von ca. 61% erreicht wird. Dieser Umstand ist deshalb von Bedeutung, weil der Fall $\beta/\sigma = 0$ einer Kennlinie vom Typ eines „harten" Begrenzers entspricht ($\beta = 0$), die überhaupt keinen linearen

Kennlinienabschnitt mit von Null oder Unendlich verschiedenen Anstieg mehr besitzt. Trotzdem erfaßt die lineare Approximation immerhin noch wesentliche Eigenschaften dieser Kennlinie.

Eine Verbesserung der Approximationsgenauigkeit erreicht man durch Hinzunahme von Polynomen höherer Ordnung. Da $\langle \varphi_2 \cdot f \rangle = 0$, ist der nächste Schritt die Approximation durch ein Polynom dritten Grades. Man erhält

$$\langle \varphi_3(X) \cdot f(X) \rangle = \langle X^3 \cdot f(X) \rangle - 3 \cdot \sigma^2 \cdot \langle X \cdot f(X) \rangle$$

bzw. mit

$$\langle X^3 \cdot f(X) \rangle$$

$$= \frac{2}{\sqrt{2\pi}\,\sigma} \left[\int_0^\beta \frac{x^4}{\beta} e^{-\frac{x^2}{2\sigma^2}} \cdot dx + \int_\beta^\infty x^3 \cdot e^{-\frac{x^2}{2\sigma^2}} \cdot dx \right]$$

$$= 3 \frac{\sigma^4}{\beta} \Phi\left(\frac{\beta}{\sqrt{2}\,\sigma}\right) - \sqrt{\frac{2}{\pi}}\, \sigma^3 \cdot e^{-\frac{\beta^2}{2\sigma^2}}$$

$$\langle \varphi_3(X) \cdot f(X) \rangle = -\sqrt{\frac{2}{\pi}}\, \sigma^3 \cdot e^{-\frac{\beta^2}{2\sigma^2}}.$$

$f(X)$ muß demzufolge ersetzt werden durch

$$f(X) \approx \left[\frac{\sigma}{\beta} \Phi\left(\frac{\beta}{\sqrt{2}\,\sigma}\right) + \frac{1}{6} \sqrt{\frac{2}{\pi}}\, e^{-\frac{\beta^2}{2\sigma^2}} \right] \times \frac{X}{\sigma} - \frac{1}{6} \sqrt{\frac{2}{\pi}}\, e^{-\frac{\beta^2}{2\sigma^2}} \cdot \frac{X^3}{\sigma^3}. \tag{3.61}$$

Der hierbei auftretende Approximationsfehler (nach (3.55)) — ε_A — ist in Abb. 15 angegeben. Der wesentlichste Effekt bei Approximation durch ein Polynom dritten Grades (s. a. Abb. 14) besteht im Vergleich zur statistischen Linearisierung darin, daß der Approximationsfehler im Bereich $0{,}8 \leqq \beta/\sigma \leqq 2{,}5$ wesentlich verringert wird. Zum Beispiel sinkt er bei $\beta/\sigma = 1$ von ca.

31% auf 14% ab, bei $\beta/\sigma = 1{,}3$ von ca. 24% auf 10% und bei $\beta/\sigma = 2$ von 10% auf ca. 4%.

Zieht man noch ein Polynom fünften Grades hinzu, so wird mit

$$\langle \varphi_5(X) \cdot f(X) \rangle = \sqrt{\frac{2}{\pi}}\, \sigma^5 \cdot e^{-\frac{\beta^2}{2\sigma^2}} \cdot \left(3 - \frac{\beta^2}{\sigma^2}\right)$$

die Kennlinie $f(X)$ ersetzt durch

$$f(X) \approx \left[\frac{\sigma}{\beta}\, \Phi\left(\frac{\beta}{\sqrt{2}\,\sigma}\right) + \frac{1}{8}\sqrt{\frac{2}{\pi}}\, e^{-\frac{\beta^2}{2\sigma^2}} \left(7 - \frac{\beta^2}{\sigma^2}\right)\right] \times \frac{X}{\sigma} - \frac{1}{12}\sqrt{\frac{2}{\pi}}\, e^{-\frac{\beta^2}{2\sigma^2}} \left(5 - \frac{\beta^2}{\sigma^2}\right) \frac{X^3}{\sigma^3} + \frac{1}{120}\sqrt{\frac{2}{\pi}}\, e^{-\frac{\beta^2}{2\sigma^2}} \left(3 - \frac{\beta^2}{\sigma^2}\right) \cdot \frac{X^5}{\sigma^5}. \quad (3.62)$$

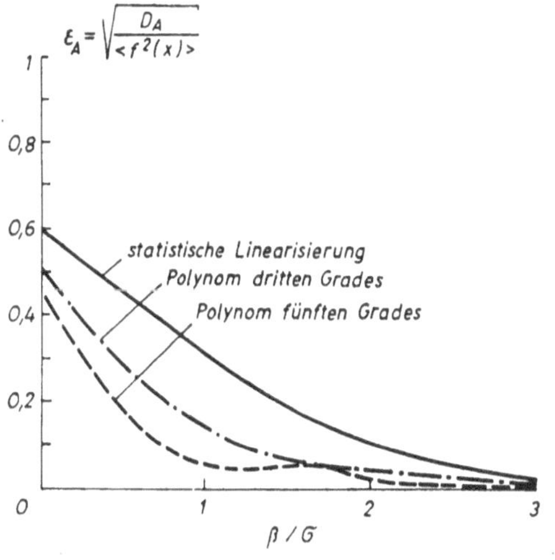

Abb. 15. Approximationsfehler für die Kennlinie in Abb. 14 bei Approximation durch Polynome ersten, dritten und fünften Grades

Der Gewinn an Approximationsgenauigkeit ist ungefähr der gleiche wie beim Übergang vom Polynom ersten Grades zum Polynom dritten Grades. Lediglich in der Umbung des Punktes $\beta/\sigma = \sqrt{3}$ bietet das Polynom fünften Grades gegenüber dem Polynom dritten Grades keine Vorteile (s. Abb. 15).

Insgesamt darf festgestellt werden, daß die Approximation einer nichtlinearen Kennlinie durch relativ wenige orthogonale stochastische Polymere überraschend gute Ergebnisse liefert.

3.3.1.3. Orthogonale stochastische Polynome bei GAUSS*schem Rauschen*

Der eben behandelte Fall GAUSSschen Eingangsrauschens verdient, etwas näher betrachtet zu werden. Bei GAUSSschem Rauschen stimmen nämlich die orthogonalen stochastischen Polynome $\varphi_k(X)$ mit den hermitischen Polynomen überein

$$\varphi_k(X) = \sigma^k H_k\left(\frac{X - m_1}{\sigma}\right) = \sigma_k \cdot H_k\left(\frac{X_0}{\sigma}\right), \quad (3.63)$$

wobei die hermitischen Polynome bekanntlich gegeben sind durch

$$H_k(x) = e^{\frac{x^2}{2}} \cdot \left(-\frac{d}{dx}\right)^k \cdot e^{-\frac{x^2}{2}} \quad (3.64)$$

und der Orthogonalitätsbeziehung

$$\frac{1}{\sqrt{2\pi}} \int\limits_{-\infty}^{\infty} e^{-\frac{x^2}{2}} \cdot H_k(x) \cdot H_l(x) \cdot dx = k!\, \delta_{k,l} \quad (3.65)$$

genügen. An Hand der Orthogonalitätsbeziehung prüft man am besten auch (3.63) nach: Es gilt bei GAUSS-

Verteilung nach (3.43)

$$\frac{1}{\sqrt{2\pi}\,\sigma}\int\limits_{-\infty}^{\infty}\frac{\varphi_k(x)}{\sqrt{\alpha_k}}\cdot\frac{\varphi_l(x)}{\sqrt{\alpha_l}}\cdot e^{-\frac{(x-m_1)^2}{2\sigma^2}}\cdot dx$$

$$=\frac{1}{\sqrt{2\pi}}\int\limits_{-\infty}^{\infty}e^{-\frac{y^2}{2}}\cdot\frac{\varphi_k(\sigma\cdot y+m_1)}{\sqrt{\alpha_k}}\cdot\frac{\varphi_l(\sigma\cdot y+m_1)}{\sqrt{\alpha_l}}\cdot dy.$$

Da aber $H_0 = \frac{\varphi_0}{\sqrt{\alpha_0}} = 1$, müssen auf Grund der Eindeutigkeit der Orthogonalitätsbeziehung (3.65) $H_k(X)$ und $\sqrt{\frac{k!}{\alpha_k}}\cdot\varphi_k(\sigma\cdot X+m_1)$ für alle $k>0$ übereinstimmen, d. h., $\varphi_k(X) = \sqrt{\frac{\alpha_k}{k!}}\cdot H_k\left(\frac{X_0}{\sigma}\right)$. Das erste Glied des hermitischen Polynoms $H_k(X)$ ist immer X^k, die höchste Potenz von $\varphi_k(X)$ ist ebenfalls X^k. Durch Koeffizientenvergleich wird also $\sqrt{\alpha_k}$ zu $\sigma^k\cdot\sqrt{k!}$ festgelegt (s. a. (3.59)).

Für Gausssches Eingangsrauschen lassen sich infolge der festgestellten Übereinstimmung die bekannten Rekursionsbeziehungen für die hermitischen Polynome nutzbringend verwenden (s. z. B. [1], [28], wobei die voneinander abweichenden Definitionen der hermitischen Polynome zu beachten sind), z. B. wird

$$\varphi_{k+1}(X) = X_0\cdot\varphi_k(X) - k\cdot\sigma^2\cdot\varphi_{k-1}(X). \tag{3.66}$$

Weiterhin gilt mit $\frac{dH_k}{dx} = k\cdot H_{k-1}$ auch

$$\frac{d\varphi_k(X)}{dx} = k\cdot\varphi_{k-1}(X)$$

und nach sukzessiver Anwendung dieser Formel ($l \leqq k$)

$$\frac{\mathrm{d}^l \varphi_k(X)}{\mathrm{d}x^l} = k \cdot (k-1) \times \cdots \times (k-l+1) \cdot \varphi_{k-l}(X)$$
$$= \frac{k!}{(k-l)!} \cdot \varphi_{k-e}(X).$$

Mittelt man diesen Ausdruck, so erhält man auf Grund der Orthogonalitätsbeziehung

$$\left\langle \frac{\mathrm{d}^l \varphi_k(X)}{\mathrm{d}X^l} \right\rangle = k!\, \delta_{k,l}. \tag{3.67}$$

Diese Gleichung gilt für alle k und l, da für $l > k$ die Ableitung $\frac{\mathrm{d}^l \varphi_k(X)}{\mathrm{d}x^l}$ verschwindet. Sie ist für die Berechnung der Momentenfunktion eines durch orthogonale stochastische Polynome approximierten Ausgangsprozesses von großem Nutzen.

In der Tat, betrachten wir die Ausgangsmomentenfunktion der approximierten Nichtlinearität zuerst bei beliebigem Eingangsrauschen. Nach (3.54) ist der zentrierte Ausgangsprozeß

$$Y_0 = Y - \langle Y \rangle = \sum_{k=1}^{N} \frac{\langle f(X) \cdot \varphi_k(X) \rangle}{\alpha_k} \cdot \varphi_k(X)$$

und seine Korrelationsfunktion

$$\mu_2(t_1; t_2) = k_2(t_1; t_2)$$
$$= \sum_{k=1}^{N} \sum_{l=1}^{N} \frac{\langle f_1(X_1) \cdot \varphi_k^{(1)}(X_1) \rangle}{\alpha_k(t_1)} \cdot \frac{\langle f_2(X_2) \cdot \varphi_l^{(2)}(X_2) \rangle}{\alpha_l(t_2)}$$
$$\langle \varphi_k^{(1)}(X_1) \cdot \varphi_l^{(2)}(X_2) \rangle, \tag{3.68}$$

wobei $X_i = X(t_i)$; $f_i(X_i) = f(t_i, X_i)$ und $\varphi_k^{(i)}(X_i) = \varphi_k(t_i, X_i)$.

Man beachte, daß für nichtstationäre Eingangsprozesse die Koeffizienten der orthogonalen stochastischen Polynome zeitabhängig werden, deshalb wurden die $\varphi_k(X_i)$ noch mit den entsprechenden hochgestellten Indizes versehen, die aber im weiteren der einfacheren Schreibweise zuliebe weggelassen werden.

Die Mittelwerte $\langle \varphi_k(X_1) \cdot \varphi_l(X_2) \rangle$ lassen sich entweder unter Verwendung der aufgelösten Rekursionsbeziehung (3.49) in der Form

$$\varphi_k(X) = X_0{}^k + \sum_{s=0}^{k-1} b_{k,s}(t) \cdot X_0{}^s \tag{3.69}$$

oder unter Heranziehung des in Abschnitt 3.1. erläuterten Mittelungsverfahrens errechnen. Die Auflösung der Rekursionsbeziehung sei dem Leser überlassen, der zweite Weg liefert (s. (3.13))

$$\begin{aligned} &\langle \varphi_k(X_1) \cdot \varphi_l(X_2) \rangle \\ &= \sum_{\nu=0}^{k} \sum_{\nu=0}^{l} \frac{1}{\nu!\mu!} \beta_{\nu+\mu}(\underbrace{t_1, \ldots, t_1}_{\nu}, \underbrace{t_2, \ldots, t_2}_{\mu}) \\ &\times \left\langle \frac{\partial^\nu \varphi_k(X_1)}{\partial X_1{}^\nu} \right\rangle \cdot \left\langle \frac{\partial^\mu \varphi_l(X_2)}{\partial X_2{}^\mu} \right\rangle. \end{aligned} \tag{3.70}$$

Die Summen brechen hier infolge $\frac{\partial^\nu \varphi_k}{\partial X^\nu} = 0$ für $\nu > k$ bei k bzw. l ab.

Die Substitution von (3.70) in (3.68) führt im allgemeinen Fall schon zu einer Vierfachsumme, wobei die Mittelwerte $\left\langle \frac{\partial^\nu \varphi_k}{\partial X^\nu} \right\rangle$ faktisch doch unter Zuhilfenahme der aufgelösten Rekursionsformeln (3.69) bestimmt werden müssen. Mit gleichem Erfolg kann man also auch sofort (3.69) verwenden. Lediglich für GAUSSsche Eingangsprozesse ergibt sich auf Grund der bemerkenswerten Eigenschaften (3.67) eine wesentliche Vereinfachung

$$\begin{aligned} k_{2,y}(t_1, t_2) &= \sum_{k=1}^{N} \sum_{l=1}^{N} \frac{\langle f_1(X_1) \cdot \varphi_k(X_1) \rangle}{\alpha_k(t_1)} \cdot \frac{\langle f_2(X_2) \cdot \varphi_l(X_2) \rangle}{\alpha_l(t_1)} \\ &\times \frac{\beta_{k+l}(\overbrace{t_1, \ldots, t_1}^{k}, \overbrace{t_2, \ldots, t_2}^{l})}{k!\,l!}, \end{aligned}$$

wobei infolge (3.23) außerdem noch die Doppelsumme in eine Einfachsumme übergeht

$$k_{2,y}(t_1, t_2) = \sum_{k=1}^{N} \frac{\langle f_1(X_1) \cdot \varphi_k(X_1)\rangle}{\alpha_k(t_1)} \times \frac{\langle f_2(X_2) \cdot \varphi_k(X_2)\rangle}{\alpha_k(t_2)} \cdot \frac{[k_{2,x}(t_1, t_2)]^k}{k!}. \tag{3.71}$$

Um die Berechnung der Ausgangsmomentenfunktionen im allgemeinen Fall nichtgaußscher Eingangsprozesse möglichst einfach zu gestalten, liegt es nun nahe, die Nichtlinearität nicht nach orthogonalen Polynomen zu zerlegen, sondern nach Polynomen, die auch für nichtgaußsches Rauschen der Bedingung (3.67) genügen. Derartigen Polynomen ist der übernächste Abschnitt gewidmet.

3.3.1.4. Einige typische orthogonale stochastische Polynome

Bei der Konstruktion orthogonaler stochastischer Polynome können eine Reihe aus der Theorie spezieller Funktionen bekannter orthogonaler Polynome verwendet werden. Die orthogonalen stochastischen Polynome sind ja dem Wesen nach nichts anderes als Polynominalfunktionen, die innerhalb eines bestimmten Intervalls $[a, b]$ orthogonal mit der Gewichtsfunktion $p_1(x)$ sind. $p_1(x)$ ist im Falle der stochastischen Polynome positiv semidefinit. Das Intervall $[a, b]$ kann endlich sein oder die gesamte x-Achse bzw. Halbachse erfassen. Dementsprechend können zur Konstruktion der orthogonalen stochastischen Polynome die im entsprechenden Intervall definierten, mit einer zu $p_1(x)$ proportionalen Gewichtsfunktion orthogonalen Polynome herangezogen werden. Im vorigen Abschnitt hatten wir z. B. festgestellt, daß die orthogonalen stochastischen Polynome im Falle einer Gauss-Verteilung bis auf einen konstanten Faktor mit den hermitischen Polynomen übereinstimmen.

Zusammenhang zwischen den orthogonalen stochastischen

Wahrscheinlichkeitsdichte $p_1(x)$	Darstellung der orthogonalen stochastischen Polynome $\varphi_n(x)$	Norm
$p_1(x) = \frac{1}{b-a} \cdot \frac{1}{2^{\alpha+\beta}} \frac{\Gamma(\alpha+\beta+2)}{\Gamma(\alpha+1)\,\Gamma(\beta+1)^x}$ $\times \left(1 - \frac{2x-b-a}{b-a}\right)^{\alpha}\left(1 + \frac{2x-b-a}{b-a}\right)^{\beta}$ für $a \leq x \leq b$, $p_1(x) = 0$ anderswo $(\alpha > -1;\ \beta > -1)$	$\varphi_n(x) = \frac{(b-a)^n}{\binom{2n+\alpha+\beta}{n}} P_n^{(\alpha,\beta)}\left(\frac{2x-b-a}{b-a}\right)$	$\alpha_n = \frac{(b-a)}{\binom{2n+\alpha}{n}}$ $\alpha_0 = 1$ $(n+\alpha)! = (n +$
Gleichverteilung $(\alpha = \beta = 0)$ $p_1(x) = \frac{1}{b-a}$, $a \leq x \leq b$, $p_1(x) = 0$ anderswo	$\varphi_n(x) = \frac{(b-a)^n}{2^n} \cdot \frac{n!}{(2n-1)!!} P_n\left(\frac{2x-b-a}{b-a)}\right)$ $(2n-1)!! = (2n-1)(2n-3) \times \ldots \times 3 \cdot 1$	$\alpha_n = \left(\frac{b-a}{2}\right)^{2n}$ $\alpha_0 = 1$
$\alpha = \beta = -\frac{1}{2}$ $p_1(x) = \frac{2}{\pi(b-a)} \frac{1}{\sqrt{1 - \left(\frac{2x-b-a}{b-a}\right)^2}}$, $a \leq x \leq b$, $p_1(x) = 0$ anderswo	$\varphi_n(x) = \frac{(b-a)^n}{2^{2n-1}} T_n\left(\frac{2x-b-a}{b-a}\right)$	$\alpha_n = 2 \cdot \left(\frac{b-a}{4}\right.$ $\alpha_0 = 1$
Gauss-Verteilung $p_1(x) = \frac{1}{\sqrt{2\pi}\,\sigma} e^{-\frac{(x-m)^2}{2\sigma^2}}$	$\varphi_n(x) = \sigma^n \cdot H_n\left(\frac{x-m}{\sigma}\right)$	$\alpha_n = n!\,\sigma^{2n}$
$p_1(x) = \frac{1}{\sigma \cdot \sqrt{1+\alpha} \cdot \Gamma(1+\alpha)} \cdot \left(\frac{x-a}{\sigma \cdot \sqrt{1+\alpha}}\right)^{\alpha}$ $\times e^{-\frac{x-a}{\sigma\sqrt{1+\alpha}}}$, $a \leq x$ $p_1(x) = 0$, $x < a$	$\varphi_n(x) = (-1)^n \cdot \sigma^n (1+\alpha)^{\frac{n}{2}} L_n^{(\alpha)}\left(\frac{x-a}{\sigma \cdot \sqrt{1+\alpha}}\right)$	$\alpha_n = n!(n-\alpha)!$ $\alpha_0 = 1$

ten Polynomen bei verschiedenen Wahrscheinlichkeitsdichten

…(x))	Definition des verwendeten Polynoms	Rekursionsbeziehung
…$+ \alpha)!\,(n + \beta)!$ / …$+ 1 - \alpha + \beta)!$ … $\times (1 + \alpha)$	$P_n^{(\alpha,\beta)}(x)$ – JAKOBI-Polynom $P_n^{(\alpha,\beta)}(x) = \frac{(-1)^n}{2^n \cdot n!} (1 - x)^{-\alpha} (1 + x)^{-\beta} \times \frac{d^n}{dx^n} [(1 - x)^{n+\alpha} \cdot (1 + x)^{n+\beta}]$	$2n \cdot (n + \alpha + \beta)(2n + \alpha + \beta - 2) P_n^{(\alpha,\beta)}(x)$ $= (2n + \alpha + \beta - 1)[(2n + \alpha + \beta)(2n + \alpha + \beta - 2)x$ $+ \alpha^2 - \beta^2] P_{n-1}^{(\alpha,\beta)}(x) - 2(n + \alpha - 1)$ $\times (n + \beta - 1)(2n + \alpha + \beta) P_{n-2}^{(\alpha,\beta)}(x)$ $P_0^{(\alpha,\beta)}(x) = 1$ $P_1^{(\alpha,\beta)}(x) = \frac{1}{2}(\alpha + \beta + 2)x + \frac{1}{2}(\alpha - \beta)$
,	$P_n(x)$ – LEGENDRE-Polynom $P_n(x) = \frac{1}{2^n \cdot n!} \frac{d^n}{dx^n} (x^2 - 1)^n$	$n \cdot P_n(x) = (2n - 1) \cdot x \cdot P_{n-1}(x)$ $- (n - 1) P_{n-2}(x)$ $P_0(x) = 1;\ P_1(x) = x$
	$T_n(x)$ – TSCHEBYSCHEFF-Polynom $T_n(x) = \frac{(-1)^n}{(2n - 1)!!} \sqrt{1 - x^2} \cdot \frac{d^n}{dx^n} (1 - x^2)^{\frac{2n-1}{2}}$ $T_n(x) = \cos[n \cdot \arccos x]$	$T_n(x) = 2x \cdot T_{n-1}(x) - T_{n-2}(x)$ $T_0(x) = 1;\ T_1(x) = x$
	$H_n(x)$ – HERMITEsches Polynom $H_n(x) = e^{\frac{x^2}{2}} \cdot \left(-\frac{d}{d}\right)^n \cdot e^{-\frac{x^2}{2}}$	$H_n(x) = x \cdot H_{n-1}(x) - (n - 1) H_{n-2}(x)$ $H_0(x) = 1;\ H_1(x) = x$
	$L_n^{(\alpha)}(x)$ – LAGUERRE-Polynom $L_n^{(\alpha)}(x) = x^{-\alpha} \cdot e^{x} \cdot \frac{d^n}{dx^n} (x^{n+\alpha} \cdot e^{-x}]$	$L_n^{(\alpha)}(x) = (2n + \alpha - 1 - x) L_{n-1}^{(\alpha)}(x)$ $- (n + \alpha - 1)(n - 1) L_{n-2}^{(\alpha)}(x)$ $L_0(x) = 1;\ L_1(x) = -x + (1 + \alpha)$

Bei Gleichverteilung im Intervall $[a, b]$ sind sie den LEGENDRE-Polynomen proportional; für $p_1(x) = \frac{2}{\pi(b-a)} \left[1 - \left(\frac{2x-b-a}{b-a}\right)^2\right]^{-1/2}$ – den TSCHEBYSCHEFF-Polynomen. Der allgemeinere Fall einer unsymmetrischen Verteilung im Intervall $[a, b]$ vom Typ

$$p_1(x) = \frac{1}{b-a} \cdot \frac{\Gamma(\alpha+\beta+2)}{\Gamma(\alpha+1)\cdot\Gamma(\beta+1)} \cdot \left[1 - \frac{2x-b-a}{b-a}\right]^{\alpha} \times \left[1 + \frac{2x-b-a}{b-a}\right]^{\beta}; \qquad \alpha > -1;\, \beta > -1$$

führt zu den JAKOBI-Polynomen und schließlich gelangt man zu LAGUERRE-Polynomen, wenn $p_1(x)$ auf der positiven Halbachse $x \geqq a$ von Null verschieden und gleich

$$p_1(x) = \frac{1}{\sigma\sqrt{1+\alpha}\,\Gamma(\alpha+1)} \left[\frac{x-a}{\sigma\cdot\sqrt{1+\alpha}}\right]^{\alpha} \cdot e^{-\frac{x-a}{\sigma\sqrt{1+\alpha}}}$$

ist. Durch Spiegelung um den Punkt $x = a$ kann der letzte Fall für ein die negative Halbachse erfassendes Intervall modifiziert werden.

In Tab. 1 sind die den verschiedenen Verteilungsdichten entsprechenden orthogonalen stochastischen Polynome aufgeführt, wobei die letzten beiden Spalten Definition und wichtigste Rekursionsgleichungen der verwendeten Polynome enthalten.

Man beachte die verwendete Symbolik: (n, k-ganzzahlig)

$$(n+\alpha)! = (n+\alpha)\ (n+\alpha-1) \times \cdots \times (1+\alpha),$$

$$\binom{n+\alpha}{k} = \frac{(n+\alpha)(n+\alpha-1)\times\cdots\times(n-k+1+\alpha)}{k!},$$

$$(2k-1)!! = (2k-1)\cdot(2k-3)\times\cdots\times 3\cdot 1,$$

$\Gamma(z)$ – Gammafunktion.

10*

3.3.2. Stochastische Differentialpolynome

Die stochastischen Differentialpolynome (in [31], [11], [30] als *AC*-Momente bezeichnet) werden mit Hilfe der Gleichung

$$\left\langle \frac{\partial^s \Psi_k(X)}{\partial X^s} \right\rangle = k! \cdot \delta_{k,s} \tag{3.72}$$

definiert. Sie sind besonders gut für die Berechnung der Ausgangsmomentenfunktionen entsprechend approximierter Vierpole geeignet und stehen in vielen Fällen bezüglich Approximationsgenauigkeit nur unwesentlich hinter den orthogonalen stochastischen Polynomen zurück. Für Gaussssche Eingangsprozesse sind die Differentialpolynome mit den orthogonalen stochastischen Polynomen identisch.

Die Konstruktion der Differentialpolynome erfolgt wieder mit dem Ansatz

$$\Psi_k(X) = X_0^k + \sum_{s=0}^{k-1} \mathrm{d}_{k,s} \cdot \Psi_s(X), \tag{3.73}$$

wobei nach (3.72) offensichtlich $\Psi_0 = 1$. Differenziert man l-mal ($l < k$) und bildet den Mittelwert unter Beachtung von (3.72), so wird

$$\mathrm{d}_{k,l} = -\binom{k}{l} \cdot \mu_{k-l}$$

bzw.

$$\Psi_k(X) = X_0^k - \sum_{s=0}^{k-1} \binom{k}{s} \cdot \mu_{k-s} \cdot \Psi_s(X) \tag{3.74}$$

oder in expliziter Schreibweise ($\mu_1 = 0$)

$$\Psi_0(X) = 1,$$

$$\Psi_1(X) = X_0, \tag{3.75}$$

$$\Psi_2(X) = X_0^2 - \mu_2,$$

$$\Psi_3(X) = X_0^3 - 3\mu_2 \cdot X_0 - \mu_3, \tag{3.75}$$

$$\Psi_4(X) = X_0^4 - 6\mu_2 X_0^2 - 4\mu_3 X_0 + 6\mu_2^2 - \mu_4 \quad \text{usw.}$$

Die Zerlegung einer nichtlinearen Kennlinie $Y = f(t, X)$ nach Differentialpolynomen ist unter der gleichen Voraussetzung (3.50) wie bei den orthogonalen Polynomen möglich:

$$f(X) = \sum_{k=0}^{\infty} c_k \cdot \Psi_k(X).$$

Setzt man voraus, daß die differenzierten Reihen gleichmäßig konvergieren, dann können die Koeffizienten sehr einfach bestimmt werden, indem man k-mal differenziert und den Mittelwert beider Seiten unter Beachtung von (3.72) bildet

$$c_k = \frac{1}{k!} \left\langle \frac{\partial^k f(X)}{\partial X^k} \right\rangle,$$

d. h.

$$f(X) = \sum_{k=0}^{\infty} \left\langle \frac{\partial^k f(X)}{\partial X^k} \right\rangle \frac{\Psi_k(X)}{k!}. \tag{3.76}$$

Die Forderung nach gleichmäßiger Konvergenz kann abgeschwächt werden, wenn man von der Zerlegung (3.51) nach orthogonalen Polynomen ausgeht und bemerkt, daß die Entwicklung nach Differentialpolynomen nur eine Umordnung der einzelnen Potenzglieder von (3.51) darstellt. Offensichtlich ist die Zerlegung der Orthogonalpolynome nach Differentialpolynomen immer möglich

$$\varphi_s(X) = \sum_{k=0}^{s} c_{s\,k} \cdot \Psi_k(X), \tag{3.77}$$

wobei nach k-maliger Differentiation und Mittelwertbildung die $c_{s,k}$ festgelegt werden

$$c_{s,k} = \frac{1}{k!} \left\langle \frac{\partial^k \varphi_s(X)}{\partial X^k} \right\rangle.$$

Wir substituieren die Gleichung (3.77) in (3.51) und setzen voraus, daß die erhaltene Doppelsumme fast überall absolut konvergiert. Dann kann die Reihe umgeordnet werden, und man erhält

$$\begin{aligned} f(X) &= \sum_{s=0}^{\infty} \frac{\langle f(X) \cdot \varphi_s(X) \rangle}{\alpha_s} \sum_{k=0}^{\infty} \frac{1}{k!} \left\langle \frac{\partial^k \varphi_s(X)}{\partial X^k} \right\rangle \Psi_k(X) \\ &= \sum_{k=0}^{\infty} \frac{\Psi_k(X)}{k!} \cdot \left[\sum_{s=k}^{\infty} \frac{\langle f(X) \cdot \varphi_s(X) \rangle}{\alpha_s} \cdot \left\langle \frac{\partial^k \varphi_s(X)}{\partial X^k} \right\rangle \right]. \end{aligned} \tag{3.78}$$

Differenziert man andererseits (3.51) k-mal, bildet den Mittelwert und setzt voraus, daß die Reihe konvergiert, so gilt

$$\left\langle \frac{\partial^k f(X)}{\partial X^k} \right\rangle = \sum_{s=k}^{\infty} \frac{\langle f(X) \cdot \varphi_s(X) \rangle}{\alpha_s} \cdot \left\langle \frac{\partial^k \varphi_s(X)}{\partial X^k} \right\rangle.$$

Ein Vergleich mit (3.78) zeigt wieder, daß

$$f(X) = \sum_{k=0}^{\infty} \left\langle \frac{\partial^k f(X)}{\partial X^k} \right\rangle \cdot \frac{\Psi_k(X)}{k!}. \tag{3.76}$$

Die Zerlegung (3.76) erinnert infolge des Auftretens der gemittelten Ableitungen stark an die Taylor-Zerlegung einer analytischen Funktion, kann aber unter wesentlich schwächeren Voraussetzungen durchgeführt werden.

Die mitunter ganz erheblichen Erleichterungen bei der Berechnung der Zerlegungskoeffizienten sollen an Hand des im Abschnitt 3.3.1.2. behandelten Beispiels der stückweise linearen Kennlinie (3.57) demonstriert werden. Da das Eingangsrauschen Gaussisch vorausgesetzt wurde, stimmen hier die beiden Zerlegungen nach Differentialpolynomen und orthogonalen Polynomen überein.

Es gilt

$$\frac{\partial f}{\partial X} = \begin{cases} 0; \; |X| > \beta \\ \frac{1}{\beta}; \; |X| \leqq \beta \end{cases}; \quad \frac{\partial^3 f}{\partial X^3} = \frac{1}{\beta}\left[\delta^{(1)}(X+\beta) - \delta^{(1)}(X-\beta)\right];$$

$$\frac{\partial^5 f}{\partial X^5} = \frac{1}{\beta}\left[\delta^{(3)}(X+\beta) - \delta^{(3)}(X-\beta)\right]$$

und nach elementaren Integrationen über die Ableitungen der Deltafunktionen ($\delta^{(k)}(x)$ — k-te Ableitung der Deltafunktion)

$$\left\langle \frac{\partial f}{\partial X} \right\rangle = \frac{2}{\sqrt{2\pi}\,\sigma} \int_0^\beta \frac{1}{\beta} \mathrm{e}^{-\frac{x^2}{2\sigma^2}} \mathrm{d}x = \frac{1}{\beta} \Phi\left(\frac{\beta}{\sqrt{2}\,\sigma}\right);$$

$$\left\langle \frac{\partial^3 f}{\partial X^3} \right\rangle = \sqrt{\frac{2}{\pi}} \frac{1}{\sigma^3} \mathrm{e}^{-\frac{\beta^2}{2\sigma^2}};$$

$$\left\langle \frac{\partial^5 f}{\partial X^5} \right\rangle = \sqrt{\frac{2}{\pi}} \left(3 - \frac{\beta^2}{\sigma^2}\right) \frac{1}{\sigma^5} \mathrm{e}^{-\frac{\beta^2}{2\sigma^2}}.$$

Bei harmonischen Nichtlinearitäten vom Typ $Y = \sin(\alpha \cdot X)$ oder $Y = \cos(\alpha \cdot X)$, wie sie z. B. in Phasenregelkreisen auftreten, brauchen im Gegensatz zur Orthogonalzerlegung jeweils nur zwei Zerlegungskoeffizienten $\langle \sin(\alpha \cdot X) \rangle$ bzw. $\langle \cos(\alpha \cdot X) \rangle$ berechnet zu werden, da $\frac{\partial \sin(\alpha \cdot X)}{\partial X} = \alpha \cdot \cos(\alpha \cdot X)$ usw.

Die Momentenfunktionen am Ausgang eines nichtlinearen Vierpols, dessen Kennlinie in der Form (3.76) oder approximativ durch die entsprechende endliche Summe dargestellt wurde, lassen sich, wie schon bemerkt, wesentlich einfacher als bei Orthogonalzerlegung bestimmen. Es gilt

$$Y_0 = f(X) - \langle f(X) \rangle = \sum_{k=1}^{N} \left\langle \frac{\partial^k f(X)}{\partial X^k} \right\rangle \cdot \frac{\Psi_k(X)}{k!}$$

und mit (3.14) sowie (3.72)

$$\mu_{s,y}(t_1, \ldots, t_s) = \sum_{k_1=1}^{N} \cdots \sum_{k_s=1}^{N} \left\langle \frac{\partial^{k_1} f_1(X_1)}{\partial X^{k_1}} \right\rangle \times \cdots$$
$$\times \left\langle \frac{\partial^{k_s} f_s(X_s)}{\partial X^{k_s}} \right\rangle \cdot \frac{\beta_{k_1+\cdots+k_s}(\overbrace{t_1, \ldots, t_1}^{k_1}, \ldots, \overbrace{t_s, \ldots, t_s}^{k_s})}{k_1! \times \cdots \times k_s!}, \tag{3.79}$$

wobei $f_\nu(X_\nu) = f(t_\nu, X_\nu)$.

Der Vergleich dieses Ausdrucks mit (3.15) zeigt, daß die Zerlegung nach stochastischen Differentialpolynomen die der unter 3.1. angegebenen Mittelungsmethodik adäquate Zerlegungsform darstellt. Der wesentliche Grund liegt dabei in der Gültigkeit der Formel

$$\langle \Psi_{k_1}(X_1) \times \cdots \times \Psi_{k_s}(X_s) \rangle = \beta_{k_1+\cdots+k_s}(\overbrace{t_1, \ldots, t_1}^{k_1}, \ldots, \overbrace{t_s, \ldots, t_s}^{k_s}), \tag{3.80}$$

die aus (3.15) und (3.72) folgt und die ebenfalls zur Definition der stochastischen Differentialpolynome verwendet werden kann.

Einige Beispiele mögen die Anwendungsvorteile der stochastischen Differentialpolynome illustrieren:

Kreuzkorrelationsfunktion zweier Vierpole, die mit gleichem Gaußschen Rauschen beaufschlagt werden:

Die beiden Vierpolausgangsprozesse seien $Y = g_1(X)$ und $Y_2 = g_2(X)$. Es gilt

$$Y_{1,0} = Y_1 - \langle Y_1 \rangle = \sum_{k=1}^{\infty} \left\langle \frac{\partial^k g_1(X)}{\partial X^k} \right\rangle \cdot \frac{\Psi_k(X)}{k!} \quad \text{und}$$

$$Y_{2,0} = Y_2 - \langle Y_2 \rangle = \sum_{l=1}^{\infty} \left\langle \frac{\partial^l g_2(X)}{\partial X^l} \right\rangle \cdot \frac{\Psi_l(X)}{l!}$$

und somit für die Korrelationsfunktion

$$\langle Y_{1,0}(t_1) \cdot Y_{2,0}(t_2)\rangle = \sum_{k=1}^{\infty} \sum_{p=1}^{\infty} \left\langle \frac{\partial^k g_1(X_1)}{\partial X_1{}^k} \right\rangle \times \left\langle \frac{\partial^l g_2(X_2)}{\partial X_2{}^l} \right\rangle \cdot \frac{\langle \Psi_k(X_1) \cdot \Psi_l(X_2)\rangle}{k!\, l!}.$$

Beachtet man (3.80) und die für GAUSSsches Rauschen geltende Beziehung (3.23), so wird

$$\langle Y_{1,0}(t_1) \cdot Y_{2,0}(t_2)\rangle = \sum_{k=1}^{\infty} \left\langle \frac{\partial^k g^1(X_1)}{\partial X_1{}^k} \right\rangle \times \left\langle \frac{\partial^k g_2(X_2)}{\partial X_2{}^k} \right\rangle \cdot \frac{[k_{2,x}(t_1, t_2)]^k}{k!} \quad (3.81)$$

Sucht man die *Kreuzkorrelationsfunktion zwischen Eingangs- und Ausgangsprozeß*, so genügt es, in (3.81) $g_2(X_2)$ gleich $X_2 = X(t_2)$ zu setzen. In diesem Falle wird

$$\langle Y_{1,0}(t_1) \cdot X_0(t_2)\rangle = \left\langle \frac{\partial g_1(X_1)}{\partial X} \right\rangle \cdot k_{2,x}(t_1, t_2). \quad (3.82)$$

Zerlegung einer Betragskennlinie bei GAUSS*schem Eingangsrauschen:* Die Kennlinie sei gegeben durch

$$Y = |X|. \quad (3.83)$$

Gesucht ist die Ausgangskorrelationsfunktion $\langle Y_0(t_1) \times Y_0(t_2)\rangle$. Wenn die Kennlinie nach Differentialpolynomen zerlegt wird, gilt

$$Y = \sum_{s=0}^{\infty} \frac{(-1)^{s-1}}{2^s \cdot \sigma^{2s-1}} \cdot \frac{\Psi_{2s}(X)}{(2s-1) \cdot s!}, \quad (3.84)$$

wobei $\sigma^2 = \langle X_0{}^2\rangle$.

Die Korrelationsfunktion ergibt sich zu

$$\langle Y_0(t_1) \cdot Y_0(t_2) \rangle = \sum_{k=1}^{\infty} \frac{[k_{2,x}(t_1, t_2)]^{2k}}{2^k \cdot \sigma^{2k-1}(t_1) \cdot \sigma^{2k-1}(t_2) \cdot k! \cdot (2k-1)^2} \tag{3.85}$$

bzw. bei stationärem Eingangsrauschen $(t_2 - t_1 = \tau)$

$$\langle Y_0(t_1) \cdot Y_0(t_2) \rangle = k_{2,y}(\tau) = \sigma^2 \cdot \sum_{k=1}^{\infty} \frac{R_x^{2k}(\tau)}{2^k \cdot (2k-1)^2 \cdot k!} \tag{3.86}$$

3.3.3. Schmalbandrauschen in trägheitslosen Vierpolen

Die behandelten Approximations- bzw. Zerlegungsverfahren lassen sich auf nichtlineare Funktionen mehrerer Rauschprozesse erweitern, also auf Kennlinien vom Typ

$$Y = f(X_1, X_2, \ldots, X_m) = f(\boldsymbol{X}^T). \tag{3.87}$$

Die Zerlegung nach orthogonalen stochastischen Polynomen $\varphi_i(X_1, X_2, \ldots, X_m)$, deren Konstruktion nach dem Schema des SCHMIDTschen Orthogonalisierungsverfahrens vorgenommen werden kann, wie auch die Zerlegung nach Differentialpolynomen $\Psi_{k_1,k_2,\cdots k_m}$ $\times (X_1, X_2, \ldots, X_m)$, die der Beziehung

$$\left\langle \frac{\partial^{l_1+l_2+\cdots+l_m} \Psi_{k_1,k_2,\cdots,k_m}(X_1, \ldots, X_m)}{\partial X_1^{l_1} \partial X_2^{l_2} \ldots \partial X_m^{l_m}} \right\rangle = \frac{\delta_{k_1,l_1} \cdot \delta_{k_2,l_2} \times \cdots \times \delta_{k_m,l_m}}{k! \cdot k_2! \times \cdots \times k_m!} \tag{3.88}$$

genügen sollen, bereitet keine prinzipiellen Schwierigkeiten, ist aber für praktische Rechnungen recht aufwendig. Deshalb sind diese Verfahren in der Regel entweder nur im Falle zweier, höchstens dreier Eingangsprozesse oder bei niedriger Approximationsgenauigkeit (statistische Linearisierung) noch so einfach und überschaubar, wie für qualitative Untersuchungen notwendig.

Der in diesem Abschnitt betrachtete Sonderfall eines trägheitslosen Vierpols, an dessen Eingang ein Schmalbandrauschprozeß anliegt, bietet einmal Berührungspunkte zur Zerlegung allgemeiner Kennlinien vom Typ (3.87), ist jedoch auch von selbständigem praktischem Interesse, da besonders in der Nachrichtentechnik häufig mit nichtlinearen Transformationen von Schmalbandrauschprozessen gearbeitet wird.

3.3.3.1. Schmalbandsignal und Schmalbandrauschen

Betrachtet wird die nichtlineare Umwandlung

$$y = f(X) \tag{3.89}$$

des Schmalbandrauschprozesses

$$X(t) = A(t) \cdot \cos\big(\omega_0 t + \varphi(t)\big) + X_1(t) \times \cos \omega_0 t - X_2(t) \cdot \sin \omega_0 t, \tag{3.90}$$

wobei Amplitude $A(t)$ und Phase $\varphi(t)$ des Mittelwertes langsam veränderliche Funktion von t sind ($|\dot{\varphi}(t)| \ll \omega_0$; $|\dot{A}/A| \ll \omega_0$) und die beiden stationären GAUSS-Prozesse $X_1(t)$ und $X_2(t)$ der Einfachheit halber voneinander unabhängig sein sollen (s. a. II.7.):

$$\begin{aligned} &\langle X_1(t+\tau) \cdot X_2(t)\rangle = 0, \\ &\langle X_1(t+\tau) \cdot X_1(t)\rangle = \langle X_2(t+\tau) \cdot X_2(t)\rangle = \varrho(\tau). \end{aligned} \tag{3.91}$$

Der Schmalbandprozeß $X(t)$ kann dargestellt werden als

$$X(t) = \gamma(t) \cdot \cos\big(\omega_0 t + \delta(t)\big), \tag{3.92}$$

wobei die Zufallsamplitude $\gamma(t)$ und Zufallsphase $\delta(t)$ infolge der Schmalbandigkeit nach wie vor langsam veränderliche Zeitfunktionen sind:

$$\gamma(t) = \sqrt{[A(t)\cdot\cos\varrho(t) + X_1(t)]^2 + [A(t)\cdot\sin\varphi(t) + X_2(t)]^2},$$

$$\delta(t) = \operatorname{arc\,tg}\frac{A(t)\cdot\sin\varphi(t) + X_2(t)}{A(t)\cdot\cos\varphi(t) + X_1(t)}. \tag{3.93}$$

$X(t)$ ist eine nahezu harmonische Funktion. Bei konstantem γ und δ wäre der Vierpolausgangsprozeß $y = f\big(\gamma\cdot\cos(\omega_0 t + \delta)\big)$ eine streng periodische Funktion, deren Harmonische durch nachfolgende Filter mit den Mittenfrequenzen $k\omega_0 (k = 0, 1, \ldots)$ voneinander getrennt werden könnten. Formal kann der Vierpolausgangsprozeß auch bei zeitabhängigen $\gamma = \gamma(t)$ und $\delta = \delta(t)$ in eine FOURIER-Reihe nach $\omega_0 t$ (nicht nach t!) zerlegt werden

$$Y(t) = \frac{1}{2} f_0(\gamma, \delta) + \sum_{k=1}^{\infty} [f_k(\gamma, \delta)\cdot\cos k\omega_0 t + g_k(\gamma, \delta)\cdot\sin k\omega_0 t]. \tag{3.94}$$

Allerdings sind dann die FOURIER-Koeffizienten

$$f_k(\gamma, \delta) = \frac{1}{\pi}\int_0^{2\pi} f\big(\gamma\cdot\cos(\theta + \delta)\big)\cdot\cos k\theta\cdot \mathrm{d}\theta,$$

$$g_k(\gamma, \delta) = \frac{1}{\pi}\int_0^{2\pi} f\big(\gamma\cdot\cos(\theta + \delta)\big)\cdot\sin k\theta\cdot \mathrm{d}\theta \tag{3.95}$$

zeitabhängige Funktionen, deren Änderungsgeschwindigkeit aber um so geringer sein wird, je schmalbandiger der Eingangsprozeß $X(t)$, d. h., je langsamer $\gamma(t)$ und $\delta(t)$ sind. Das Spektrum von $Y(t)$ geht dabei von einem Linienspektrum in ein Spektrum über, dessen Spektralanteile in der Nähe der Frequenzen $k\omega_0$ konzentriert sind.

Im allgemeinen Fall wird das Spektrum der FOURIER-Koeffizienten $f_k(\gamma, \delta)$ und $g_k(\gamma, \delta)$ infolge der nichtlinearen Abhängigkeit von $A(t)$, $\varphi(t)$, $X_1(t)$ und $X_2(t)$ breiter sein als die entsprechenden Ursprungsspektren dieser Größen. Ein nachgeschaltetes Filter bei $k\omega_0$ wird deshalb um so genauer nur die volle Komponente $f_k \cos k\omega_0 t + g_k \cdot \sin k\omega_0 \cdot t$ durchlassen, je schmalbandiger der Prozeß $X(t)$ ist; die Bandbreite des Filters soll dabei so gewählt werden, daß einerseits möglichst das gesamte Spektrum der k-ten Komponente erfaßt wird, andererseits aber möglichst wenig Spektralanteile von den anderen Komponenten in den Durchlaßbereich des Filters gelangen.

Bei den für die Nachrichtentechnik typischen Schmalbandprozessen kann mit hoher Genauigkeit angenommen werden, daß durch ein nachfolgendes Filter alle Spektralanteile der k-ten Komponente erfaßt werden, während der Einfluß der anderen Komponenten vernachlässigbar klein bleibt. Das entsprechende idealisierte mathematische Filter wird als Zonalfilter bezeichnet.

Die FOURIER-Koeffizienten f_k und g_k der einzelnen Zonalkomponenten sind nichtlineare Funktionen der Prozesse $X_1(t)$ und $X_2(t)$ und können nach Orthogonal- oder Differentialpolymeren zerlegt werden. Da $X_1(t)$ und $X_2(t)$ voneinander unabhängig sind, wird die Zerlegung besonders einfach. Fixiert man nämlich X_2 und zerlegt z. B. $f(X_1, X_2)$ nach X_1, so wird $(f_k(\gamma(X_1, X_2), \delta(X_1, X_2)) \to f_k(X_1, X_2))$

$$f_k(X_1, X_2) = \sum_{s=0}^{\infty} \left\langle \frac{\partial^s f_k(X_1, X_2)}{\partial X_1{}^s} \middle/ X_2 \right\rangle \cdot \frac{\Psi_s(X_1/X_2)}{s!}, \quad (3.96)$$

wobei die Mittelung über X_1 bei festgehaltenem X_2 erfolgt

$$\left\langle \frac{\partial^s f_k(X_1, X_2)}{\partial X_1{}^s} \middle/ X_2 \right\rangle = \int_{-\infty}^{\infty} \mathrm{d}x_1 \cdot \frac{\partial^s f_k(x_1, x_2)}{\partial x_1{}^s} \cdot p_1(x_1/x_2).$$

Entsprechend sind die Koeffizienten der Differentialpolynome $\overline{\Psi}_s(X_1/X_2)$ bei voneinander abhängigen X_1 und X_2 noch Funktionen von X_2, was durch den Querstrich $\overline{\Psi}_s(X_1/X_2)$ zum Ausdruck gebracht werden soll. In unserem Spezialfall unabhängiger X_1 und X_2 stimmt $\overline{\Psi}_s(X_1/X_2)$ jedoch mit den für den eindimensionalen Fall bestimmten Differentialpolynomen $\Psi_s(X_1)$ überein. Unter Beachtung dieses Umstandes liefert die Zerlegung der Summenkoeffizienten von (3.96) nach X_2

$$f_k(X_1, X_2) = \sum_{s_1=0}^{\infty} \sum_{s_2=0}^{\infty} \left\langle \frac{\partial^{s_1+s_2} f_k(X_1, X_2)}{\partial X_1^{s_1}\, \partial X_2^{s_2}} \right\rangle \cdot \frac{\Psi_s(X_1) \cdot \Psi_{s_2}(X_2)}{s_1!\, s_2!}.$$

Der Vierpolausgangsprozeß kann mit 3.94 folglich durch die Reihenentwicklung

$$Y(t) = \frac{1}{2} \sum_{k=0}^{\infty} \varepsilon_k \sum_{s_1=0}^{\infty} \sum_{s_2=0}^{\infty} \left[\left\langle \frac{\partial^{s_1+s_2} f_k(X_1, X_2)}{\partial X_1^{s_1}\, \partial X_2^{s_2}} \right\rangle \cos k\omega_0 t \right.$$
$$\left. + \left\langle \frac{\partial^{s_1+s_2} g_k(X_1, X_2)}{\partial X_1^{s_1} \cdot \partial X_2^{s_2}} \right\rangle \cdot \sin k\omega_0 t \right] \frac{\Psi_{s_1}(X_1) \cdot \Psi_{s_2}(X_2)}{s_1!\, s_2!} \tag{3.97}$$

dargestellt werden (ε_k — NEUMANN-Symbol; $\varepsilon_0 = 1$, $\varepsilon_k = 2$, $k > 0$).

Unter Beachtung von (3.91), (3.80) und (3.23) gewinnt man für die Korrelationsfunktion

$$k_{2,y}(t + \tau, t) = \frac{1}{4} \sum_{s_1=1}^{\infty} \sum_{s_2=1}^{\infty} \frac{\varrho^{s_1+s_2}(\tau)}{s_1!\, s_2!} \sum_{k=0}^{\infty} \sum_{l=0}^{\infty} \varepsilon_k \cdot \varepsilon_l$$
$$\times [\langle f_{k,\tau}^{(s_1+s_2)} \rangle \cdot \cos k\omega_0(t + \tau) + \langle g_{k,\tau}^{(s_1+s_2)} \rangle \cdot \sin k\omega_0(t + \tau)]$$
$$\times [\langle f_l^{(s_1+s_2)} \rangle \cdot \cos l\omega_0 t + \langle g_l^{(s_1+s_2)} \rangle \cdot \sin k\omega_0 t], \tag{3.98}$$

wobei z. B.

$$\langle f_{k,\tau}^{(s_1+s_2)}\rangle = \left\langle \frac{\partial^{s_1+s_2} f_k(X_1, X_2, A, \varphi)|_{t+\tau}}{\partial X_1^{s_1}\,\partial X_2^{s_2}} \right\rangle$$

$$= \int_{-\infty}^{\infty} \mathrm{d}x_1 \int_{-\infty}^{\infty} \mathrm{d}x_2\, p_2(x_1, x_2, t+\tau)$$

$$\times \frac{\partial^{s_1+s_2} f_k\big(x_1, x_2, A(t+\tau), \varphi(t+\tau)\big)}{\partial x_1^{s_1}\,\partial x_2^{s_2}}.$$

Die hochfrequenten Schwankungen der Korrelationsfunktion (3.98) sind bei Korrelationszeiten $\tau \gg T_0$ $\left(T_0 = \frac{2\pi}{\omega_0}\right)$ in der Regel uninteressant, so daß man die Korrelationsfunktion durch ihren über das Zeitintervall T_0 gemittelten Wert ersetzen kann. Im Ergebnis gilt bei konstanten $A(t) = A$ und $\varphi(t) = \varphi$ z. B. für die Korrelationsfunktion der k-ten Zonalkomponente

$$\overline{R_k(\tau)} = \frac{\varepsilon_k^2}{8} \sum_{s_1=1}^{\infty} \sum_{s_2=1}^{\infty} \frac{\varrho^{s_1+s_2}(\tau)}{s_1!\, s_2!}$$

$$\times [(\langle f_k^{(s_1+s_2)}\rangle)^2 + (\langle g_k^{(s_1+s_2)}\rangle)^2] \cos k\omega_0\tau, \quad (3.99)$$

da in diesem Falle die Zerlegungskoeffizienten nur noch über die stationären Prozesse $X_1(t)$ und $X_2(t)$ von t abhängen und demzufolge $\langle f_{k,\tau}^{(s_1+s_2)}\rangle = \langle f_k^{(s_1+s_2)}\rangle$ und $\langle g_{k,\tau}^{(s_1+s_2)}\rangle = \langle g_k^{(s_1+s_2)}\rangle$.

Man kann die Berechnung der Momentenfunktionen etwas einfacher gestalten, wenn man den Vierpolausgangsprozeß $f\big(\gamma \cdot \cos(\omega_0 t + \delta)\big)$ gleich nach $\theta = \omega_0 t + \delta$ zerlegt

$$Y(t) = \frac{1}{2} \sum_{k=0}^{\infty} \varepsilon_k \cdot f_k'(\gamma) \cdot \cos k(\omega_0 t + \delta), \quad (3.100)$$

wobei

$$f_k'(\gamma) = \frac{1}{\pi} \int_0^{2\pi} f(\gamma \cdot \cos\theta) \cdot \cos k\theta \cdot \mathrm{d}\theta. \quad (3.101)$$

Die Sinusglieder sind in dieser Darstellung alle gleich Null, da $f(\gamma \cdot \cos\theta)$ eine gerade Funktion von θ ist und somit das Integral

$$\frac{1}{\pi}\int_0^{2\pi} f(\gamma \cdot \cos\theta) \cdot \sin k\theta \cdot d\theta$$

identisch Null wird.

Vergleicht man (3.100) mit (3.94), so sieht man, daß die durch (3.95) definierten Zerlegungskoeffizienten mit $f_k'(\gamma)$ auf folgende Weise zusammenhängen

$$\begin{aligned} f_k(\gamma, \delta) &= f_k'(\gamma) \cdot \cos k\delta \\ g_k(\gamma, \delta) &= -f_k'(\gamma) \cdot \sin k\delta, \end{aligned} \tag{3.102}$$

so daß also nur das Integral (3.101) berechnet werden muß.

Zum Abschluß sei noch darauf verwiesen, daß die Reihenfolge der Zerlegung des Ausgangsprozesses in FOURIER-Komponenten und in stochastische Polynome keine Rolle spielt, da infolge der Vertauschbarkeit von Integration und Differentiation z. B. gilt

$$\begin{aligned} \langle f_k^{(s_1+s_2)} \rangle &= \int_{-\infty}^{\infty} dx_1 \int_{-\infty}^{\infty} dx_2 \cdot p_2(x_1, x_2) \cdot \frac{\partial^{s_1+s_2}}{\partial x_1^{s_1} \cdot \partial x_2^{s_2}} \\ &\times \left[\frac{1}{\pi}\int_0^{2\pi} d\theta \cdot f\big[\gamma(x_1, x_2) \cdot \cos\big(\theta + \delta(x_1, x_2)\big)\big] \cdot \cos k\theta\right] \\ &= \frac{1}{\pi}\int_0^{2\pi} d\theta \cos k\theta \left[\int_{-\infty}^{\infty} dx_1 \int_{-\infty}^{\infty} dx_2\, p_2(x_1, x_2) \frac{\partial^{s_1+s_2}}{\partial x_1^{s_1}\, \partial x_2^{s_2}} \right. \\ &\left. \times f\big[\gamma(x_1, x_2) \cdot \cos\big(\theta + \delta(x_1, x_2)\big)\big]\right]. \end{aligned}$$

3.3.3.2. Beispiel: Begrenzerkennlinie

Mit Hilfe der klassischen Trägerfrequenzverfahren zur Nachrichtenübermittlung wie Amplituden-, Frequenz- oder Phasenmodulation wird auch heute noch der überwiegende Teil der kommerziellen Informationsübertragung abgewickelt.

Beim Durchgang der modulierten Trägerfrequenzschwingungen durch den Empfängertrakt macht sich der Einfluß des endlichen dynamischen Verstärkungsbereiches (Sättigungsverhalten) als Begrenzereffekt bemerkbar. Dieser bei Amplitudenmodulation störende Effekt wird bei winkelmodulierten Schwingungen häufig als erwünscht betrachtet, so daß in vielen Fällen im Empfänger dem eigentlichen Demodulator ein Begrenzer mit Linearfilter vorgeschaltet wird, der insbesondere auch in Verbindung mit einer hohen Vorverstärkung für eine konstante Amplitude am Demodulator zu sorgen hat.

Hier soll vorausgesetzt werden, daß die Begrenzerkennlinie durch die Funktion

$$Y = \frac{2}{\pi} \operatorname{arc\,tg} \alpha \cdot X \tag{3.103}$$

angenähert werden kann. Für $\alpha \to \infty$ geht die Kennlinie in die eines idealen Begrenzers $y = \operatorname{sgn} x$ über. $X(t)$ ist ein GAUSSscher Schmalbandrauschprozeß (3.90) mit symmetrischen Spektrum (3.91). Sein Mittelwert ist dem senderseitig abgestrahlten Signal proportional und gleich $\langle X(t) \rangle = A(t) \cdot \cos\left(\omega_0 t + \varphi(t)\right)$. Dem Begrenzer sei ein Zwischenfrequenzfilter bei $f_0 = \dfrac{\omega_0}{2\pi}$ nachgeschaltet, das in erster Näherung als Zonalfilter angesehen werden darf.

Die Zerlegung des Ausgangsprozesses beginnt mit der Bestimmung der FOURIER-Koeffizienten nach (3.95), wobei die Darstellung (3.92—93) des Schmalbandprozesses verwendet wird. Es gilt

$$f_k' = \frac{2}{\pi^2} \int_0^{2\pi} \operatorname{arctg} [\alpha \cdot \gamma \cdot \cos \theta] \cdot \cos k\theta \cdot \mathrm{d}\theta$$

mit

$$\gamma = [(A \cdot \cos \varphi + X_1)^2 + (A \cdot \sin \varphi + X_2)^2]^{1/2}$$

und $$\delta = \operatorname{arctg} \frac{A \cdot \sin \varphi + X_2}{A \cdot \cos \varphi + X_1}$$

bzw. nach partieller Integration und Substitution $z = e^{j\theta}$

$$f_k' = \frac{2\alpha \cdot \gamma}{k\pi^2} \int_0^{2\pi} \frac{\sin \theta \cdot \sin k\theta}{1 + \alpha^2\gamma^2 \cos^2 \theta} \mathrm{d}\theta$$

$$= -\frac{2\alpha\gamma}{jk\pi^2} \int_C \frac{(z^k - z^{-k})(z - z^{-1})}{z[4 + \alpha^2\gamma^2 (z + z^{-1})^2]} \mathrm{d}z,$$

wobei die Integration entlang des Einheitskreises C auf der komplexen Ebene zu erfolgen hat. Unter Heranziehung des Residuensatzes wird nach recht umfangreichen Rechnungen unter Beachtung von (3.102)

$$f_{2k} = 0,$$

$$f_{2k+1} = \frac{4}{\pi} \frac{(-1)^k}{2k+1} \left[\frac{\sqrt{1 + \alpha^2\gamma^2} - 1}{\alpha \cdot \gamma}\right]^{2k+1} \cdot \cos (2k + 1) \delta. \tag{3.104}$$

Analog gewinnt man

$$g_{2k} = 0,$$

$$g_{2k+1} = -\frac{4}{\pi} \frac{(-1)^k}{2k+1} \left[\frac{\sqrt{1 + \alpha^2\gamma^2} - 1}{\alpha \cdot \gamma}\right]^{2k+1} \cdot \sin (2k+1)\delta \tag{3.105}$$

und nach Zusammenfassung beider Beziehungen

$$Y = \frac{4}{\pi} \sum_{k=0}^{\infty} \frac{(-1)^k}{2k+1} \left[\frac{\sqrt{1+\alpha^2\gamma^2}-1}{\alpha\gamma}\right]^{2k+1} \times \cos\left[(2k+1)(\omega_0 t+\delta)\right]. \qquad (3.106)$$

Betrachten wir die nach dem Zwischenfrequenzfilter ausselektierte erste Zonalkomponente (hier mit $k = 0$) genauer

$$Y = \frac{4}{\pi}\left[\frac{\sqrt{1+\alpha^2\gamma^2}-1}{\alpha\gamma}\right] \cos(\omega_0 t+\delta) \qquad (3.107)$$

und versuchen, wenigstens die für die statistische Linearisierung notwendigen Koeffizienten zu bestimmen

$$Y \approx \left[\langle f_1\rangle + \left\langle\frac{\partial f_1}{\partial X_1}\right\rangle \cdot X_1 + \left\langle\frac{\partial f_1}{\partial X_2}\right\rangle \cdot X_2\right] \cdot \cos\omega_0 t + \left[\langle g_1\rangle + \left\langle\frac{\partial g_1}{\partial X_1}\right\rangle \cdot X_1 + \left\langle\frac{\partial g_1}{\partial X_2}\right\rangle X_2\right] \cdot \sin\omega_0 t. \qquad (3.108)$$

Nach (3.104) erhält man für $\langle f_1\rangle$

$$\langle f_1\rangle = \frac{4}{\pi}\left\langle\frac{\sqrt{1+\alpha^2\gamma^2}-1}{\alpha\gamma}\cos\delta\right\rangle = \frac{4}{\pi}\int_{-\infty}^{\infty} \mathrm{d}x_1 \int_{-\infty}^{\infty} \mathrm{d}x_2 \frac{\sqrt{1+\alpha^2\gamma^2(x_1,x_2)}-1}{\alpha\cdot\gamma(x_1,x_2)} \times \cos\delta(x_1,x_2) \cdot \frac{1}{2\pi\sigma^2} \cdot \mathrm{e}^{-\frac{x_1^2+x_2^2}{2\sigma^2}}.$$

σ^2 ist die Streuung der beiden Rauschkomponenten X_1 und X_2 $\left(\sigma^2 = \varrho(0) = \langle X^2_{1(2)}\rangle\right)$. Mit den Substitutionen (3.93) wird die Integration über X_1 und X_2 umgewandelt in eine Integration über γ und δ[1]). Die inverse Substitution lautet

$$X_1 = \gamma \cdot \cos\delta - A \cdot \cos\varphi$$
$$X_2 = \gamma \cdot \sin\delta - A \cdot \sin\varphi,$$

Offensichtlich wird somit die JAKOBI-Determinante gleich γ, so daß

$$\langle f_1 \rangle = \frac{2}{\pi^2\sigma^2} \int\limits_0^\infty \mathrm{d}\gamma\, \gamma \int\limits_{-\pi}^{\pi} \mathrm{d}\delta \cos\delta \frac{\sqrt{1+\alpha^2\gamma^2}-1}{\alpha\gamma}$$
$$\times \mathrm{e}^{-\frac{A^2+\gamma^2-2A\cdot\gamma\cos(\delta-\varphi)}{2\sigma^2}}$$

Der Integrand ist periodisch in δ und kann leicht über eine Periode integriert werden

$$\langle f_1 \rangle = \frac{4\cdot\cos\varphi}{\pi\cdot\sigma^2} \int\limits_0^\infty \mathrm{d}\gamma\cdot\gamma \frac{\sqrt{1+\alpha^2\gamma^2}-1}{\alpha\cdot\gamma}\,\mathrm{e}^{-\frac{A^2+\gamma^2}{2\sigma^2}}\cdot I_1\!\left(\frac{A\cdot\gamma}{\sigma^2}\right). \tag{3.109}$$

$I_n(x)$ ist die modifizierte BESSEL-Funktion n-ter Ordnung mit imaginärem Argument, deren Integraldarstellung

$$I_n(x) = \frac{1}{\pi} \int\limits_0^\pi \mathrm{d}\Psi \cdot \mathrm{e}^{x\cdot\cos\Psi} \cdot \cos n\Psi \tag{3.110}$$

hier verwendet wurde.

Bei der weiteren Auswertung interessiert insbesondere der Wert des Integrals für große α, also für Begrenzer, die fast ideal arbeiten. Für kleine α ist eine TAYLOR-Entwicklung des Wurzelausdruckes um den Punkt

[1]) Die Substitution (3.93) bedeutet, daß die Mittelung über X_1 und X_2 durch die Mittelwertbildung über Amplituden- und Phasenverteilung des Schmalbandprozesses ersetzt wird.

$\alpha\gamma = 0$ und nachfolgende Integration möglich, bei großem α kann zwar um den Punkt $\beta = \frac{1}{\alpha\gamma} = 0$ entwickelt, die entstehende Reihe aber nicht mehr geschlossen integriert werden. Wir beschränken uns auf Grund dieser Schwierigkeiten im weiteren auf den Fall des idealen Begrenzers mit $\alpha \to \infty$.

Das Integral in (3.109) ist unter diesen Voraussetzungen ein Sonderfall des HANKELschen Exponentialintegrals

$$\int_0^\infty \mathrm{d}x \cdot J_\nu(a \cdot x) \cdot x^{\mu-1} \cdot e^{-b^2x^2} = \frac{\Gamma\frac{(\nu+\mu)}{2}}{2 \cdot b^\mu \Gamma(\nu+1)} \times \left(\frac{a}{2b}\right)^\nu \cdot {}_1F_1\left(\frac{\nu+\mu}{2}, \nu+1, -\frac{a^2}{4b^2}\right). \tag{3.111}$$

($J_\nu(\cdot)$ — BESSEL-Funktion, $\Gamma(\cdot)$ — Gammafunktion). ${}_1F_1(\cdot)$ ist hier die konfluente hypergeometrische Funktion

$${}_1F_1(\alpha, \beta, \pm x) = \sum_{k=0}^\infty \frac{(\alpha)_k}{(\beta)_k} \cdot \frac{(\pm x)^k}{k!}, \tag{3.112}$$

wobei die $(\alpha)_k$ durch $(\alpha)_k = \alpha \cdot (\alpha + 1) \times \cdots \times (\alpha + k - 1)$ gegeben sind.

Die BESSEL-Funktionen eines imaginären Argumentes können leicht in gewöhnliche BESSEL-Funktionen überführt werden: $I_\nu(x) \cdot e^{\nu \cdot j \cdot \pi/2} = J_\nu(jx)$. Damit kann (3.109) integriert werden, und es gilt

$$\langle f_1 \rangle = \sqrt{\frac{2}{\pi}} \cdot e^{-\frac{A^2}{2\sigma^2}} \cdot \frac{A}{\sigma} \cdot \cos\varphi \cdot {}_1F_1\left(\frac{3}{2}, 2, \frac{A^2}{2\sigma^2}\right).$$

Die Funktion ${}_1F_1\left(\frac{3}{2}, 2, x\right)$ läßt sich mit Hilfe der modefizierten BESSEL-Funktionen darstellen [20], so daß

$$\langle f_1 \rangle = \sqrt{\frac{2}{\pi}} \cdot e^{-\frac{A^2}{2\sigma^2}} \cdot \frac{A}{\sigma} \cdot \cos\varphi \cdot \left[I_0\left(\frac{A^2}{4\sigma^2}\right) + I_1\left(\frac{A^2}{4\sigma^2}\right)\right]. \tag{3.113}$$

Für den idealen Begrenzer lassen sich auch die übrigen Koeffizienten der statistischen Linearisierung einfach bestimmen. Da $f_1 = \frac{4}{\pi} \cdot \cos \delta$, gilt z. B. unter Beachtung von

$$\frac{\partial f_1}{\partial X_1} = -\frac{4}{\pi} \cdot \sin \delta \cdot \frac{\partial \delta}{\partial X_1} = \frac{4}{\pi} \cdot \frac{\sin^2 \delta}{\gamma}$$

und mit den gleichen Integrationsschritten wie zur Bestimmung von $\langle f_1 \rangle$

$$\left\langle \frac{\partial f_1}{\partial X_1} \right\rangle = \sqrt{\frac{2}{\pi}} \cdot \frac{1}{\sigma} \cdot \mathrm{e}^{-\frac{\varrho}{2}} \left[I_0\left(\frac{\varrho}{2}\right) - \cos 2\varphi \cdot I_1\left(\frac{\varrho}{2}\right) \right], \tag{3.114}$$

wobei $\varrho = \frac{A^2}{2\sigma^2}$ — das Signal-Rauschverhältnis am Eingang des Begrenzers darstellt (die Signalleistung ist proportional A^2, die Rauschleistung $\langle X_1^2 \rangle + \langle X_2^2 \rangle = 2\sigma^2$).

Genau so gewinnt man

$$\left\langle \frac{\partial f_1}{\partial X_2} \right\rangle = -\sqrt{\frac{2}{\pi}} \cdot \frac{\sin 2\varphi}{\sigma} \cdot \mathrm{e}^{-\frac{\varrho}{2}} \cdot I_1\left(\frac{\varrho}{2}\right) \tag{3.115}$$

und

$$\langle g_1 \rangle = -\frac{4}{\pi} \langle \sin \delta \rangle = -\sqrt{\frac{2}{\pi}} \cdot \mathrm{e}^{-\frac{\varrho}{2}} \cdot \frac{A}{\sigma} \sin \varphi \times \left[I_0\left(\frac{\varrho}{2}\right) + I_1\left(\frac{\varrho}{2}\right) \right] \tag{3.116}$$

sowie

$$\left\langle \frac{\partial g_1}{\partial X_1} \right\rangle = -\sqrt{\frac{2}{\pi}} \cdot \mathrm{e}^{-\frac{\varrho}{2}} \cdot \frac{\sin 2\varphi}{\sigma} \cdot I_1\left(\frac{\varrho}{2}\right), \tag{3.117}$$

$$\left\langle \frac{\partial g_1}{\partial X_2} \right\rangle = -\sqrt{\frac{2}{\pi}} \cdot \mathrm{e}^{-\frac{\varrho}{2}} \cdot \frac{1}{\sigma} \left[I_0\left(\frac{\varrho}{2}\right) + \cos 2\varphi \cdot I_1\left(\frac{\varrho}{2}\right) \right]. \tag{3.118}$$

Man kann den Ausgangsprozeß demzufolge im Rahmen der statistischen Linearisierung unter Beachtung von (3.108) in der Form

$$\begin{aligned} Y(t) &= E \cdot \cos(\omega_0 t + \varphi) + \mu_+ \cdot \frac{X_1}{\sigma} \cdot \cos(\omega_0 t + \beta_+) \\ &\quad - \mu_- \cdot \frac{X_2}{\sigma} \cdot \sin(\omega_0 t + \beta_-) \end{aligned} \tag{3.119}$$

darstellen, wobei

$$\begin{aligned} E(\varrho) &= 2 \cdot \sqrt{\frac{\varrho}{\pi}} \cdot e^{-\frac{\varrho}{2}} \cdot \left[I_0\left(\frac{\varrho}{2}\right) + I_1\left(\frac{\varrho}{2}\right)\right], \\ \mu_{\underset{(-)}{+}} &= \sqrt{\frac{2}{\pi}} \cdot e^{-\frac{\varrho}{2}} \cdot \left[I_0^2\left(\frac{\varrho}{2}\right) + I_1^2\left(\frac{\varrho}{2}\right)\right. \\ &\qquad \left.(\mp)\, 2 I_0\left(\frac{\varrho}{2}\right) \cdot I_1\left(\frac{\varrho}{2}\right) \cdot \cos 2\varphi\right]^{1/2} \end{aligned} \tag{3.120}$$

und

$$\beta_{\underset{(-)}{+}} = \operatorname{arc\,tg} \frac{I_1\left(\frac{\varrho}{2}\right) \cdot \sin 2\varphi}{I_0\left(\frac{\varrho}{2}\right) (\mp) \cos 2\varphi \cdot I_1\left(\frac{\varrho}{2}\right)}.$$

Um den Einfluß des Begrenzers auf die Signalverarbeitung zu charakterisieren, untersucht man häufig die Abhängigkeit des Signal-Rauschverhältnisses am Ausgang des nachgeschalteten *ZF*-Filters vom Eingangs-Signal-Rauschverhältnis ϱ. Dabei geht man nicht ganz korrekt von der Annahme aus, daß ungefähr gleiche Signal-Rauschverhältnisse am Eingang und Ausgang des Begrenzer-Filter-Vierpols auch ungefähr gleiche Bedingungen für die nachfolgende Demodulation gewährleisten und daß damit der Quotient aus Ausgangs- und Eingangs-Signal-Rauschverhältnis ein Maß für die Wirksamkeit des Begrenzers darstellt. Die Abweichung der Wahrscheinlichkeitsverteilung des Ausgangsprozesses von einer GAUSSschen und der Einfluß dieser Abweichung auf die Demodulation wird dabei vernachlässigt. Der Ausgangsprozeß ist aber nur im Rahmen der statistischen Linearisierung wieder GAUSSisch, so daß die Charakterisierung des Begrenzereinflusses mit Hilfe der Signal-Rauschverhältnisse gerade dort aussagekräftig ist, wo auch die statistische Linearisierung die wirklichen Verhältnisse annähernd richtig widerspiegelt. Um diesen Bereich abschätzen zu können, betrachten wir den über eine Periode der hochfrequenten Schwingungen gemittelten Approximationsfehler D

$$D^2 = \frac{\left\langle \overline{\left[\frac{4}{\pi} \cos(\omega_0 t + \delta) - \left\{ E \cdot \cos(\omega_0 t + \varphi) + \mu_+ \frac{X_1}{\sigma} \cdot \cos(\omega_0 t + \beta_+) - \mu_- \frac{X_2}{\sigma} \sin(\omega_0 t + \beta_-) \right\} \right]^2} \right\rangle}{\left\langle \overline{\left[\frac{4}{\pi} \cos(\omega_0 t + \delta) \right]^2} \right\rangle}, \tag{3.121}$$

der unter Beachtung von (3.114—118) und (3.120) durch

$$D^2 = 1 - \frac{\pi}{4} \cdot e^{-\varrho} \left[\varrho \left(I_0\left(\frac{\varrho}{2}\right) + I_1\left(\frac{\varrho}{2}\right) \right)^2 + I_0^2\left(\frac{\varrho}{2}\right) + I_1^2\left(\frac{\varrho}{2}\right) \right] \tag{3.122}$$

ausgedrückt wird. Der Strich in (3.121) bedeutet zeitliche Mittelwertbildung. In Abb. 16 ist diese Abhängigkeit des Approximationsfehlers vom Eingangs-Signal-Rauschverhältnis aufgetragen.

Für $\varrho = 0$ beträgt der Aproximationsfehler $D = 46{,}325\%$, während er für $\varrho \to \infty$ gegen Null strebt. Man kann nach Abb. 16 für Eingangs-Signal-Rauschverhältnisse größer 5 bis 6 (7 bis 8 *db*) die GAUSSsche Näherung (3.119) mit ruhigem Gewissen gelten lassen, da der Approximationsfehler in diesen Fällen unter 15% liegt.

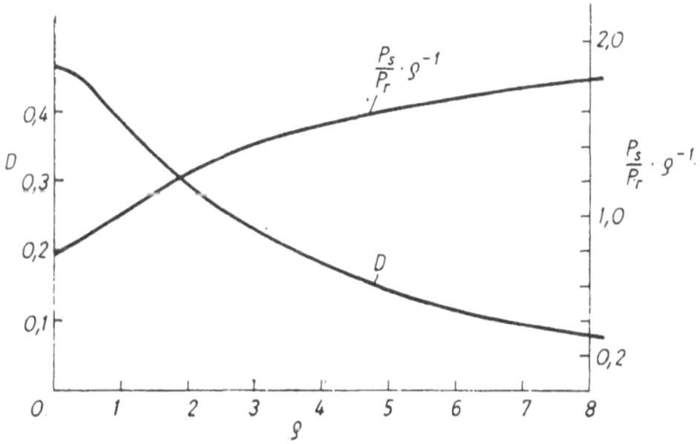

Abb. 16. Abhängigkeit des mittleren Approximationsfehlers D und des Quotienten aus Ausgangs- und Eingangs-Signal-Rauschverhältnis vom Signal-Rauschverhältnis ϱ am Eingang des idealen Begrenzers

Betrachten wir nun das Signal-Rauschverhältnis am Ausgang des Begrenzers mit nachgeschaltetem Zonalfilter. Das Ausgangssignal, genauer seine Nutzkomponente, wird dabei mit dem Mittelwert $\langle Y(t)\rangle$ identifiziert, während das Rauschen entsprechend durch die Komponente $Y(t) - \langle Y(t)\rangle$ repräsentiert wird.

Das Ausgangssignal $\langle Y(t)\rangle = E \cdot \cos(\omega_0 + \varphi)$ ist Träger der Leistung P_s

$$P_s = \left[\overline{\langle Y(t)\rangle}\right]^2 = \frac{E^2}{2},$$

während die Gesamtleistung P_Σ proportional $Y^2(t)$ ist

$$P_\Sigma = \overline{Y^2(t)} = \frac{8}{\pi^2}.$$

Der Rauschleistungsanteil ist $P_r = P_\Sigma - P_s$, so daß für das Signal-Rauschverhältnis am Ausgang gilt

$$\frac{P_s}{P_r} = \frac{\alpha^2(\varrho)}{1 - \alpha^2(\varrho)}, \tag{3.123}$$

$$\alpha(\varrho) = \frac{1}{2}\sqrt{\varrho \cdot \pi} \cdot e^{-\frac{\varrho}{2}} \cdot \left[I_0\left(\frac{\varrho}{2}\right) + I_1\left(\frac{\varrho}{2}\right)\right]. \tag{3.124}$$

Die gut bekannte Abhängigkeit des Quotienten aus Ausgangs- und Eingangs-Signal-Rauschverhältnis $\frac{P_s}{P_r} \cdot \varrho^{-1}$ ist in Abb. 16 dargestellt (s. a. [34]). Für $\varrho = 0$ strebt $\frac{P_s}{P_r} \cdot \varrho^{-1}$ gegen $\frac{\pi}{4}$, für $\varrho \to \infty$ gegen den Wert 2. Für große Signal-Rauschverhältnisse scheint also unter Vernachlässigung der Abweichung des Ausgangsrauschens vom GAUSS-Prozeß, die ja tatsächlich ebenfalls gegen Null strebt, die Anwendung eines idealen harten Begrenzers vorteilhaft. Allerdings muß man bei der endgültigen Klärung dieses Problems den Demodulator mit in die Betrachtung einbeziehen, um die Auswirkungen des nicht exakt GAUSSschen Charakters der Störung $Y(t) - \langle Y(t)\rangle$ abschätzen zu können.

3.3.3.3. Schmalbandsignal und Rauschen

Der Nachteil des in 3.3.1. behandelten Verfahrens besteht darin, daß die FOURIER-Zerlegung der Nichtlinearität erst durchgeführt wird, nachdem Signal $A(t) \times \cos\left(\omega_0 t + \varphi(t)\right)$ und Schmalbandrauschen $X_0(t) = X_1(t) \cdot \cos \omega_0 t - X_2(t) \cdot \sin \omega_0 t$ zu einem neuen Schmalbandprozeß zusammengefaßt wurden. Da bei fast allen

Anwendungsbeispielen aber Signal und Rauschen statistisch unabhängig voneinander sind, beraubt uns die Zusammenfassung beider Prozesse der Möglichkeit, diese Eigenschaft vorteilhaft auszunutzen.

Wir betrachten deshalb eine andere Zerlegungsmöglichkeit, bei der zuerst die statistische Unabhängigkeit von Signal und Rauschen und erst in zweiter Linie, wenn notwendig, der mögliche Schmalbandcharakter des Rauschens berücksichtigt wird.

Der Vierpolausgangsprozeß

$$Y(t) = f\left[A(t) \cdot \cos\left(\omega_0 t + \varphi(t)\right) + X_0(t)\right] \tag{3.125}$$

kann bei fixierten $X_0(t)$ und $A(t)$ nach $\theta = \omega_0 t + \varphi(t)$ in eine FOURIER-Reihe entwickelt werden

$$Y(t) = \frac{1}{2} \sum_{k=0}^{\infty} \varepsilon_k \cdot f_k\left(A_t, X_0(t)\right) \cdot \cos k(\omega_0 t + \varphi_t), \tag{3.126}$$

ε_k ist das NEUMAN-Symbol: $\varepsilon_0 = 1$; $\varepsilon_k = 2$ für $k \geqq 1$; $A_t = A(t)$; $\varphi_t = \varphi(t)$. f_k ist der Zerlegungskoeffizient

$$f_k\left(A_t, X_0(t)\right) = \frac{1}{\pi} \int_0^{2\pi} f\left(A_t \cdot \cos\theta + X_0(t)\right) \cdot \cos k\theta \cdot d\theta. \tag{3.127}$$

Die Sinuskoeffizienten

$$g_k\left(A_t, X_0(t)\right) = \frac{1}{\pi} \int_0^{2\pi} f\left(A_t \cdot \cos\theta + X_0(t)\right) \cdot \sin k\theta \cdot d\theta$$

verschwinden in der Zerlegung, da $f(A_t \cdot \cos\theta + X_0)$ eine gerade, $\sin k\theta$ — eine ungerade Funktion von θ ist.

Man kann nun die FOURIER-Koeffizienten infolge der statistischen Unabhängigkeit von Signal und Rauschen, d. h. auch zwischen $X_0(t)$ und A_t, bezüglich des Rauschprozesses $X_0(t)$ wie gewöhnliche Nichtlinearitäten behandeln und z. B. nach Differentialpolynomen $\Psi_\nu(X_0)$ entwickeln, so daß

$$Y(t) = \sum_{k=0}^{\infty} \sum_{\nu=0}^{\infty} \frac{\varepsilon_k \cdot \Psi_\nu(X_0)}{2 \cdot \nu!} \cdot f_k^{(\nu)}(A_t) \cdot \cos k(\omega_0 t + \varphi_t). \tag{3.128}$$

Die Zerlegungskoeffizienten $f_k^{(\nu)}(A_t)$ werden bei fixierten A_t berechnet, wobei eben infolge der statistischen Unabhängigkeit mit der unbedingten Wahrscheinlichkeitsdichte gemittelt wird

$$f_k^{(\nu)}(A_t) = \left\langle \frac{\partial^\nu f_k(A_t, X_0)}{\partial X_0^\nu} \right\rangle$$

$$= \frac{1}{\pi} \int_0^{2\pi} \mathrm{d}\theta \cdot \cos k\theta \int_{-\infty}^{\infty} \mathrm{d}x_0 \cdot p_1(x_0, t) \frac{\partial^\nu f(A_t \cdot \cos\theta + x_0)}{\partial x_0^\nu}. \tag{3.129}$$

Mittelwert und Momentenfunktion zweiter Ordnung lassen sich aus der erhaltenen Darstellung (3.128) des Ausgangsprozesses ableiten. Es gilt mit (3.72)

$$\langle Y(t) \rangle = \sum_{k=0}^{\infty} \frac{\varepsilon_k}{2} \langle f_k^{(0)}(A_t) \cdot \cos k(\omega_0 t + \varphi_t) \rangle. \tag{3.130}$$

Die rechtsseitig auftretende Mittelung hat noch über A_t und φ_t zu erfolgen.

An dieser Stelle muß auf einen Umstand hingewiesen werden, der den Umgang mit stationären Schmalbandprozessen, insbesondere die Berechnung der statistischen Kenngrößen, erheblich vereinfacht. Die Phase φ_t des Prozesses $A(t) \cdot \cos(\omega_0 t + \varphi_t)$ kann nämlich infolge der Willkür bei der Wahl des Anfangszeitmomentes in zwei unabhängige Anteile aufgespalten werden

$$\varphi(t) = \varphi_0 + \Phi(t). \tag{3.131}$$

φ_0 stellt die „Anfangsphase" dar, die die willkürliche Festlegung des Anfangszeitmomentes der Beobachtung oder Messung bzw. des Nullpunktes der Zeitskala berücksichtigt und demzufolge als zeitlich konstant, gleichverteilt $\left(p_1(\varphi_0) = \frac{1}{2\pi} \text{ für } |\varphi_0| \leqq \pi,\ p_1(\varphi_0) = 0 \text{ für } |\varphi_0| > \pi\right)$ und unabhängig von allen anderen Parametern des Schmalbandprozesses angesehen werden kann. $\Phi(t)$ enthält die mögliche Winkelmodulation und stellt ebenso wie $A(t)$ einen stationären Prozeß dar. Bei Nichtstationarität von $A(t)$ oder $\Phi(t)$ oder beider verschwindet die Willkür in der Festlegung des Anfangszeitmomentes ebenso wie bei der Überlagerung des Schmalbandprozesses durch einen anderen nichtstationären Prozeß. In diesen Fällen steht das Beobachtungs- oder Meßintervall in definierter Beziehung zu bestimmten Parametern des Schmalbandprozesses — φ_0 nimmt dann einen von $A(t)$ und $\Phi(t)$ abhängigen Wert an und ist nicht mehr als gleichverteilte und unabhängige Größe behandelbar.

In Anbetracht der größeren praktischen Bedeutung und der einfacheren Handhabbarkeit zuliebe werden wir in der Regel neben der Stationarität gleichverteiltes, zeitkonstantes φ_0 voraussetzen.

Unter Beachtung von (3.131) kann die Mittelung über φ_0 in (3.130) unabhängig von der über A_t und $\Phi_t = \Phi(t)$ erfolgen, so daß

$$\langle Y(t)\rangle = \frac{1}{2} \langle f_0^{(0)}(A_t)\rangle . \tag{3.132}$$

Die Ableitung der Momentenfunktion zweiter Ordnung erfolgt zweckmäßigerweise in zwei Schritten. Ausgehend von (3.126) gilt

$$\langle Y_1 \cdot Y_2\rangle = \sum_{k=0}^{\infty} \sum_{l=0}^{\infty} \frac{\varepsilon_k \cdot \varepsilon_l}{4} \langle f_k(A_1, X_{0,1}) \cdot f_l(A_2, X_{0,2}) \times \cos k(\omega_0 t_1 + \varphi_0 + \Phi_1) \cdot \cos l(\omega_0 t_2 + \varphi_0 + \Phi_2)\rangle , \tag{3.133}$$

wobei die Abkürzungen $Y_i = Y(t_i)$; $A_i = A(t_i)$; $\Phi_i = \Phi(t_i)$ und $X_{0,i} = X_0(t_i)$ verwendet wurden.

Die Mittelung über φ_0 bei fixierten A_i, Φ_i und $X_{0,i}$ führt unter Beachtung der Gleichung

$$\langle \cos k(\alpha_1 + \varphi_0) \cos l(\alpha_2 + \varphi_0) \rangle = \frac{\delta_{k,l}}{\varepsilon_k} \cdot \cos k(\alpha_1 - \alpha_2) \tag{3.134}$$

zu einer beträchtlichen Vereinfachung, da die Doppelsumme in eine Einfachsumme übergeht

$$\langle Y_1 \cdot Y_2 \rangle = \frac{1}{4} \sum_{k=0}^{\infty} \varepsilon_k \langle f_k(A_1, X_{0,1}) \cdot f_k(A_2, X_{0,2}) \times \cos k(\omega_0(t_2 - t_1) + \Phi_2 - \Phi_1) \rangle. \tag{3.135}$$

Im zweiten Schritt kann jetzt unabhängig von der Mittelung über A_1, A_2, Φ_1, Φ_2 die Mittelwertbildung über $X_{0,1}$ und $X_{0,2}$ erfolgen, wobei nach Einsetzen der Differentialpolynomzerlegung für f_k folgender Ausdruck gewonnen wird

$$\langle Y_1 \cdot Y_2 \rangle = \frac{1}{4} \sum_{k=0}^{\infty} \varepsilon_k \cdot \sum_{\nu=0}^{\infty} \sum_{\mu=0}^{\infty} \frac{\langle \Psi_\nu(X_{0,1}) \cdot \Psi_\mu(X_{0,2}) \rangle}{\nu!\, \mu!} \times \langle f_k^{(\nu)}(A_1) \cdot f_k^{(\mu)}(A_2) \cdot \cos k(\omega_0(t_2 - t_1) + \Phi_2 - \Phi_1) \rangle. \tag{3.136}$$

Wenn $X_0(t)$, wie in vielen praktisch bedeutsamen Anwendungsfällen Gausssches Rauschen repräsentiert, dann gilt auf Grund von (3.80) und (3.23) eine einfachere Formel ($\tau = t_2 - t_1$)

$$\langle Y_1 \cdot Y_2 \rangle = \frac{1}{4} \sum_{k=0}^{\infty} \varepsilon_k \sum_{\nu=0}^{\infty} \frac{[k_{2,x_0}(\tau)]^\nu}{\nu!} \langle f_k^{(\nu)}(A_1) \cdot f_k^{(\nu)}(A_2) \times \cos k(\omega_0 \tau + \Phi_2 - \Phi_1) \rangle. \tag{3.137}$$

Gleichung (3.137) kann für den Fall, daß das GAUSSsche Rauschen Schmalbandcharakter besitzt, weiter präzisiert werden. Die Korrelationsfunktion des Rauschens ist (s. 2.83))

$$\begin{aligned} k_{2,x0}(\tau) &= \varrho(\tau) \cdot \cos \omega_0 \tau - s(\tau) \cdot \sin \omega_0 \tau \\ &= k_0(\tau) \cdot \cos \left(\omega_0 \tau + \beta(\tau)\right). \end{aligned} \tag{3.138}$$

Dabei sind

$$k_0(\tau) = \sqrt{\varrho^2(\tau) + s^2(\tau)} \quad \text{und} \quad \beta(\tau) = -\operatorname{arctg} \frac{s(\tau)}{\varrho(\tau)}. \tag{3.139}$$

Setzt man (3.140) in (3.139) ein, stellt die ν-te Potenz der Kosinusfunktion durch die Summe der Kosinuse der vielfachen Winkel dar

$$\cos^\nu \alpha = 2^{-\nu} \sum_{s=0}^{\frac{\nu}{2}, \frac{\nu-1}{2}} \varepsilon_{\nu-2s} \cdot \binom{\nu}{s} \cdot \cos (\nu - 2s)\, \alpha \tag{3.140}$$

und ordnet die Summe so um, daß gleiche Frequenzen zusammengefaßt werden, so erhält man schließlich

$$\begin{aligned} \langle Y_1 \cdot Y_2 \rangle = \sum_{k=0}^{\infty} \sum_{l=0}^{\infty} \varepsilon_l \cdot \langle a_{|k-l|,l}(\tau) \\ &\times \cos [k\omega_0 \tau + l\Phi_2 - l\Phi_1 + |k - l| \cdot \beta(\tau)] \\ &+ (1 - \delta_{0,k}) \cdot a_{k+l,l}(\tau) \\ &\times \cos [k\omega_0 \tau - l\Phi_2 + l\Phi_1 + (k + l) \cdot \beta(\tau)], \end{aligned} \tag{3.141}$$

wobei

$$a_{s,l}(\tau) = \sum_{\nu=0}^{\infty} \frac{[k_0(\tau)]^{2\nu+s}}{\nu!(\nu + s)!\, 2^{2\nu+s}} \cdot f_l^{(2\nu+s)}(A_1) \cdot f_l^{(2\nu+s)}(A_2). \tag{3.142}$$

Wenn man dem mit stationärem Schmalbandsignal und Schmalbandrauschen beaufschlagtem Vierpol ein

Filter bei der Frequenz $k\omega_0$ nachschaltet, das mit genügender Genauigkeit die jeweilige FOURIER-Komponente des Ausgangsprozesses abfiltert, so stimmt die Momentenfunktion zweiter Ordnung oder die daraus abgeleitete Korrelationsfunktion dieser Komponente mit der k-ten FOURIER-Komponente von (3.141) überein. Tatsächlich entsprechen ja der Momentenfunktion (3.141) des stationären Ausgangsprozesses abfilterbare Spektralkomponenten bei den diskreten Frequenzen $k\omega_0$, wobei die vom Ausgangsprozeß belegten Spektralbereiche um $k\omega_0$ um so schmaler sein werden, je schmalbandiger der Eingangsprozeß ist.

Für das Ausgangsrauschen im Basisband (bei $k = 0$) erhält man z. B. die Momentenfunktion

$$\langle Y_1 \cdot Y_2|_{k=0}\rangle = \sum_{l=0}^{\infty} \varepsilon_l \cdot \langle a_{l,l}(\tau) \cdot \cos l(\Phi_2 - \Phi_1 + \beta(\tau))\rangle, \tag{3.143}$$

wobei auf Grund der vorausgesetzten Stationarität auch gesetzt werden kann: $\Phi_2 = \Phi(\tau)$ und $\Phi_1 = \Phi(0)$.

Für konstante Signalamplitude und Signalphase entfällt die Mittelung in (3.143), so daß

$$\langle Y_1 \cdot Y_2|_{k=0}\rangle = \sum_{l=0}^{\infty} \varepsilon_l \cdot a_{l,l}(\tau) \cdot \cos l \cdot \beta(\tau). \tag{3.144}$$

3.4. Exponentialkennlinien

Die Kennlinien vieler Bauelemente der Nachrichtentechnik (Dioden, Transistoren) lassen sich zumindest innerhalb des gewöhnlich interessierenden Argumentenbereiches durch Exponentenfunktionen beschreiben. Aber nicht nur deshalb spielen Exponentialkennlinien eine große Rolle in der Theorie nichtlinearer Systeme, sondern in erster Linie wegen der breiten Verwendung der verschiedenen Formen von Integraltransformationen, wie z. B. FOURIER- oder LAPLACE-Transformation, mit deren Hilfe fast alle praktisch bedeutsamen Kennlinien auf Exponentialcharakteristika zurückgeführt werden können.

Beginnen wir mit der Behandlung der einfachen Exponentialkennlinie: Wenn der Vierpolausgangsprozeß $Y(t)$ durch exponentielle Umformung aus dem Eingangsprozeß $X(t)$ entsteht

$$Y = e^{\alpha \cdot X}, \tag{3.145}$$

dann lassen sich einfache und elegante Berechnungsvorschriften für die Ausgangsmomentenfunktionen ableiten, da diese direkt den charakteristischen Funktionen des Eingangsprozesses proportional werden. In der Tat gilt für den Ausgangsmittelwert

$$\langle Y_t \rangle = \langle e^{\alpha \cdot X_t} \rangle = h_{1,x}(\alpha, t), \tag{3.146}$$

für die Momentenfunktion zweiter Ordnung

$$\langle Y_1 \cdot Y_2 \rangle = \langle e^{\alpha(X_1 + X_2)} \rangle = h_{2,x}(\alpha, \alpha, t_1, t_2) \tag{3.147}$$

und allgemein

$$\begin{aligned} \langle Y_1 \cdot Y_2 \times \cdots \times Y_s \rangle &= m_{s,y}(t_1, t_2, \ldots, t_s) = \left\langle e^{\alpha \sum_{i=1}^{s} X_i} \right\rangle \\ &= h_{s,x}(\alpha, \alpha, \ldots, \alpha, t_1, t_2, \ldots, t_s), \end{aligned} \tag{3.148}$$

wobei $X_i = X(t_i)$; $Y_i = Y(t_i)$ und $h_{s,x}(\lambda_1, \lambda_2, \ldots, \lambda_s, t_1, t_2, \ldots, t_s)$ — die s-dimensionale charakteristische Funktion des Eingangsprozesses $X(t)$ darstellt. $m_{s,y}$ ist die Ausgangsmomentenfunktion s-ter Ordnung.

Aus den Momentenfunktionen lassen sich mit Hilfe der bekannten Umformungen (s. 3.37 in [12]) natürlich auch die Korrelationsfunktionen des Ausgangsprozesses ableiten, z. B.

$$\begin{aligned} k_{2,y}(t_1, t_2) &= m_{2,y}(t_1, t_2) - m_{1,y}(t_1) \cdot m_{1,y}(t_2) \\ &= h_{2,x}(\alpha, \alpha, t_1, t_2) - h_{1,x}(\alpha, t_1) \, . \, h_{1,x}(\alpha, t_2). \end{aligned}$$

Zur Illustration sei einmal angenommen, daß der Eingangsprozeß mit verschwindendem Mittelwert stationär und GAUSSisch sei, d. h.

$$h_{s,x}(p_1, \ldots, p_s, t_1, \ldots, t_s)$$
$$= \exp\left[\frac{1}{2} \sum_{\nu=1}^{s} \sum_{\mu=1}^{s} k_{2,x}(t_\mu - t_\nu) \cdot p_\nu \cdot p_\mu\right].$$

Dann wird der Ausgangsmittelwert

$$\langle Y_t \rangle = \mathrm{e}^{\frac{\alpha^2 \sigma^2}{2}} \qquad \left(\sigma^2 = k_{2,x}(0)\right)$$

und die Korrelationsfunktion

$$k_{2,y}(\tau) = e^{\alpha^2\sigma^2}[\mathrm{e}^{\alpha^2\sigma^2 \cdot R(\tau)} - 1].$$

Die charakteristische Funktion des Ausgangsprozesses läßt sich bei Exponentialtransformation in Form einer Reihenentwicklung angeben, bei der die charakteristische Funktion des Eingangsprozesses die Rolle der Koeffizienten übernimmt. Es gilt

$$h_{1,y}(p) = \langle \mathrm{e}^{p \cdot y_t} \rangle = \sum_{k=0}^{\infty} \frac{\langle p^k \cdot Y_t{}^k \rangle}{k!} = \sum_{k=0}^{\infty} \frac{p^k}{k!} \langle \mathrm{e}^{k \cdot \alpha \cdot X_t} \rangle$$
$$= \sum_{k=0}^{\infty} \frac{p^k}{k!} h_{1,x}(\alpha \cdot k, t). \tag{3.149}$$

Für die zweidimensionale charakteristische Funktion gewinnt man auf gleiche Weise

$$h_{2,y}(p_1, p_2, t_1, t_2) = \sum_{k_1=0}^{\infty} \sum_{k_2=0}^{\infty} \frac{p_1{}^{k_1} \cdot p_2{}^{k_2}}{k_1!\, k_2!} h_{2,x}(\alpha k_1, \alpha k_2, t_1, t_2) \tag{3.150}$$

usw.

3.4.1. Zurückführung beliebiger Nichtlinearitäten auf Exponentialkennlinien — die Methode von Rice

Um die Ausgangsmomentenfunktion eines beliebigen trägheitslosen Vierpoles zu bestimmen, ist es häufig zweckmäßig, die Nichtlinearität auf eine Exponentialkennlinie zurückzuführen. Das geschieht durch Konturintegraldarstellung der nichtlinearen Kennlinie

$$Y = f(X) = \frac{1}{2\pi j} \int_C F(p) \cdot e^{pX} \cdot dp, \qquad (3.151)$$

wobei die entsprechend gewählte Integrationskontur C in der komplexen Ebene p verläuft.

In dieser Darstellung führen Mittelungsoperationen wieder auf die charakteristische Funktion des Eingangsprozesses (genauer — auf ihre analytische Fortsetzung für komplexe p, da ja $h_{s,x}(p_1, \ldots, p_s, t_1, \ldots, t_s)$ an und für sich nur für rein imaginäre $p_i = j \cdot \lambda_i$ bestimmt ist). Die charakteristischen Funktionen stehen jetzt allerdings unter dem Integral. Beispielsweise wird

$$\langle Y_t \rangle = \frac{1}{2\pi j} \int_C dp \cdot F(p) \cdot \langle e^{pX_t} \rangle = \frac{1}{2\pi j} \int_C dp \cdot F(p) \cdot h_{1,x}(p,t) \qquad (3.152)$$

und

$$\langle Y_1 \cdot Y_2 \rangle = \frac{1}{(2\pi j)^2} \int_C dp_1 \int_C dp_2\, F(p_1) \cdot F(p_2) \times h_{2,x}(p_1, p_2, t_1, t_2). \qquad (3.153)$$

Die Ordnung der zu bestimmenden Ausgangsmomente stimmt dabei mit der benötigten Dimension der charakteristischen Funktion überein.

Der Vorteil dieser auf RICE [29] zurückgehenden Methode besteht darin, daß die durch die Mittelungen bedingten Integrationen vom Typ

$$\langle Y_1 \cdot Y_2 \rangle = \int_{-\infty}^{\infty} \mathrm{d}x_1 \int_{-\infty}^{\infty} \mathrm{d}x_2 \cdot f(x_1) \cdot f(x_2) \cdot p_{2,x}(x_1, x_2, t_1, t_2),$$

die entlang der reellen Achse durchgeführt werden müssen, in Konturintegrationen mit allen daraus erwachsenden Vorteilen der Integration in der komplexen Ebene überführt werden können.

Die Überführungsvorschrift (3.151) ist nicht eindeutig. Besitzt $f(x)$ beispielsweise eine FOURIER-Transformierte

$$F(p) = \int_{-\infty}^{\infty} \mathrm{e}^{-px} \cdot f(x) \cdot \mathrm{d}x, \quad p = j \cdot \lambda, \tag{3.154}$$

so kann man schreiben

$$f(x) = \frac{1}{2\pi j} \int_{-j\infty}^{j\infty} \mathrm{e}^{px} \cdot F(p) \cdot \mathrm{d}p, \quad p = j \cdot \lambda, \tag{3.155}$$

und sich auf rein imaginäres p beschränken. Für die Existenz der FOURIER-Transformierten muß aber gelten

$$\int_{-\infty}^{\infty} |f(x)| \cdot \mathrm{d}x < \infty, \tag{3.156}$$

was in vielen praktisch bedeutsamen Fällen nicht erfüllt ist.

Nimmt man die LAPLACE-Transformation zu Hilfe, so kann man zwar Bedingung (3.156) fallen lassen, die das Verschwinden von $f(x)$ im Unendlichen fordert, muß dafür aber eine andere Beschränkung in Kauf nehmen, nämlich

$$f(x) = 0 \quad \text{für } x < d. \tag{3.157}$$

In diesem Falle wird

$$f(x) = \frac{1}{2\pi j} \int_{-j\infty+C_0}^{j\infty+C_0} e^{px} \cdot F(p) \cdot dp \tag{3.158}$$

und

$$F(p) = \int_{d}^{\infty} e^{-px} \cdot f(x) \cdot dx. \tag{3.159}$$

Die Konstante C_0 wird dabei so gewählt, daß die Konvergenz des letzten Integrals gewährleistet wird (wächst z. B. $f(x)$ nicht schneller als $e^{C_1 \cdot x}$ für $x \to +\infty$, so ist $C_0 > C_1$).

Um die Beschränkung (3.157) fallen zu lassen und Nichtlinearitäten, die nicht schneller als $e^{C_2 \cdot |x|}$ für $|x| \to \infty$ gegen Unendlich streben, in den Kreis der zugelassenen Funktionen einbeziehen zu können, verwendet man zweckmäßigerweise die zweiseitige LAPLACE-Transformation. Dazu wird die Funktion $f(x)$ in zwei Teile aufgespalten

$$f(x) = f_+(x) + f_-(x), \tag{3.160}$$

wobei $f_+(x)$ für $x < b$ und $f_-(x)$ für $x > b$ verschwinden

$$\begin{aligned} f_+(x) &= f(x), x > b; \quad f_+(x) = 0, x < b, \\ f_-(x) &= f(x), x < b; \quad f_-(x) = 0, x > b. \end{aligned} \tag{3.161}$$

Entsprechend besteht $F(p)$ aus zwei Teilen

$$\begin{aligned} F(p) &= \int_{b}^{\infty} e^{-px} \cdot f_+(x) \cdot dx \Big|_{\mathrm{Re}\,p < C_+} + \int_{-\infty}^{b} e^{-px} \cdot f_-(x) \cdot dx \Big|_{\mathrm{Re}\,p > -C_-} \\ &= F_+(p) + F_-(p). \end{aligned} \tag{3.162}$$

Die positiven, reellen Konstanten C_+ und C_- ergeben sich wieder aus der Konvergenzforderung (z. B. $|C \pm| < C_2$). Für $f(x)$ gilt nach Rücktransformation der komplexen FOURIER-Transformierten $F_+(p)$ und $F_-(p)$

$$f(x) = \frac{1}{2\pi j} \int_{-j\infty + C_+}^{j\infty + C_+} e^{px} \cdot F_+(p)\, dp + \frac{1}{2\pi j} \int_{-j\infty = C_-}^{j\infty - C_-} e^{px} \cdot F_-(p) \cdot dp. \tag{3.163}$$

Die Integration (3.168) bzw. (3.153) parallel zur imaginären Achse kann in der Regel in eine Integration entlang äquivalenter Konturen, z. B. entlang der imaginären Achse unter Aussparung des Nullpunktes oder anderer möglicher singulärer Punkte, umgewandelt werden.

Wenn beispielsweise die LAPLACE-Transformierte $F(p)$ der für $x < d$ verschwindenden Kennlinie $f(x)$ in der gesamten rechten Halbebene holomorph (eindeutig und analytisch) ist, singuläre Punkte aber möglicherweise auf der imaginären Achse liegen, z. B. bei $p = 0$, dann verschwindet nach dem CAUCHYschen Satz das Kurvenintegral entlang der geschlossenen Kontur $ABCDEFA$ (Abb. 17a). Weitet man die Kontur so aus, daß die Abschnitte AB und CD nach $-j\infty$ bzw. $j\infty$ streben und beachtet, daß dabei in den meisten praktischen Fällen die Integrale entlang dieser beiden Abschnitte gleich Null werden, so gilt

$$f(x) = \frac{1}{2\pi j} \int_{-j\infty + C_0}^{j\infty + C_0} e^{px} \cdot F(p) \cdot dp = \frac{1}{2\pi j} \int_{C} e^{px} \cdot F(p) \cdot dp,$$

wobei C die in Abb. 17a eingezeichnete Kontur $AFED$ entlang der imaginären Achse bei Umgehung des Nullpunktes von rechts darstellt.

Entsprechend lassen sich die Integrationswege bei Verwendung der zweiseitigen LAPLACE-Transformation verschieben, so daß nach (3.163)

$$f(x) = \frac{1}{2\pi j} \int_{C_1} e^{px} \cdot F_+(p)\, dp + \frac{1}{2\pi j} \int_{C_2} e^{px} \cdot F_-(p) \cdot dp. \tag{3.164}$$

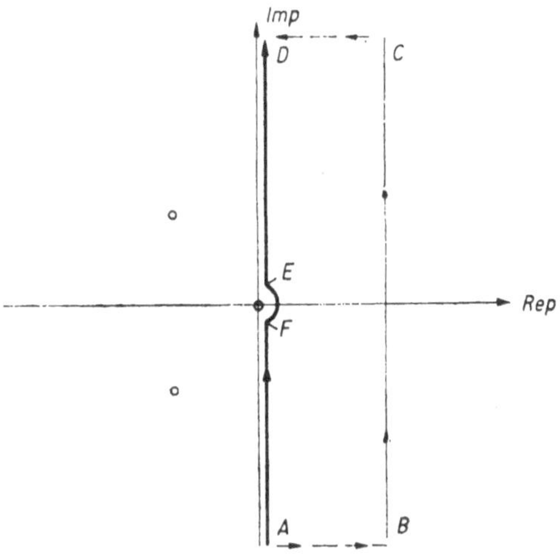

Abb. 17a. Schließung des Integrationsweges bei einseitiger LAPLACE-Transformation

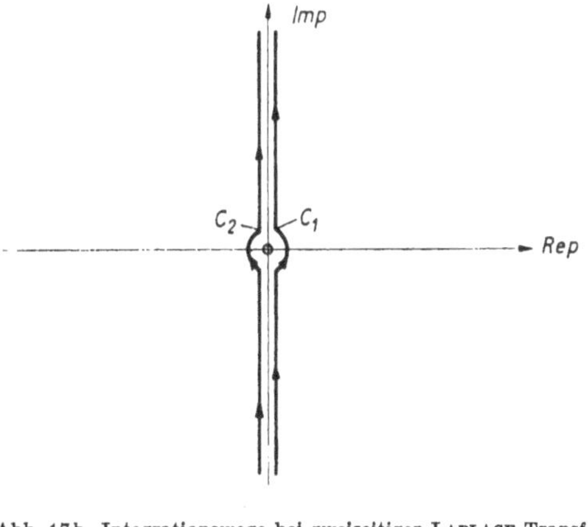

Abb. 17b. Integrationswege bei zweiseitiger LAPLACE-Transformation

In Abb. 17b sind mögliche Integrationskonturen für den Fall, daß sowohl $F_+(p)$ als auch $F_-(p)$ nur einen Pol bei $p = 0$ besitzen, eingezeichnet.

Die Existenz zweier Summanden wirkt sich bei der Bildung der für die Momentenfunktionen benötigten Produkte vom Typ $f(X_1) \cdot f(X_2)$ sehr störend aus. Zum Glück vereinfacht sich für symmetrische und antisymmetrische Kennlinien die Konturintegraldarstellung bei Verwendung der zweiseitigen LAPLACE-Transformation wieder, da z. B. für antisymmetrische Kennlinien

$$f(x) = -f(-x),$$

so daß

$$f(x) = f_+(x) - f_+(-x)$$

($f_+(x) = f(x)$ für $x \geqq 0$; $f_+(x) = 0$ für $x < 0$). Wenn $F_+(p)$ die LAPLACE-Transformierte von $f_+(x)$ ist, so gilt

$$f(x) = \frac{1}{2\pi j} \int\limits_C F_+(p) \cdot e^{px} \cdot dp - \frac{1}{2\pi j} \int\limits_C F_+(p) \cdot e^{-px} \cdot dp$$

$$= \frac{1}{\pi} \int\limits_C \sin(-jpx) \cdot F_+(p) \cdot dp. \tag{3.165}$$

Auf gleiche Weise gewinnt man für symmetrische Kennlinien

$$f(x) = \frac{1}{j\pi} \int\limits_C F_+(p) \cdot \cos(-jpx) \cdot dp \quad \text{für} \quad f(x) = f(-x). \tag{3.166}$$

Zur Illustration sei die in Abb. 14 dargestellte stückweise lineare Kennlinie mit Sättigungsverhalten betrachtet. Bei Aufspaltung in zwei Anteile gemäß (3.161) ergibt sich nach einfachen Rechnungen

$$f(x) = \begin{cases} \operatorname{sgn} x; \ |x| > \beta \\ \dfrac{x}{\beta}; \quad |x| \leqq \beta \end{cases} \quad \begin{aligned} \to F_+(p) &= \frac{1 - e^{-p\cdot\beta}}{p^2}; \\ F_-(p) &= \frac{-(1 - e^{p\beta})}{p^2}. \end{aligned} \tag{3.167}$$

$f(x)$ kann folglich nach (3.164) geschrieben werden; dabei sind C_1 und C_2 die in Abb. 17b eingezeichneten Integrationswege. Möglich ist auch folgende Darstellung

$$f(x) = \frac{1}{\pi} \int\limits_C \frac{1 - e^{-p\cdot\beta}}{p^2} \cdot \sin(-jpx) \cdot dp, \tag{3.168}$$

die die Antisymmetrie der Kennlinie direkt berücksichtigt.

Man beachte, daß die Benutzung des JORDANschen Lemmas häufig die Schließung des Integrationsweges erlaubt (für $F_+(p)$ — über die linke Halbebene, für $F_-(p)$ — über die rechte). In diesen Fällen wird durch die Heranziehung des Residuensatzes die Auswertung des Integrals mitunter beträchtlich vereinfacht.

3.4.2. Spezialfälle der Riceschen Methode

Im Unterschied zu der in Abschnitt III.3. behandelten Zerlegung einer nichtlinearen Kennlinie $Y = f(X)$ nach Polynomen steht bei der Anwendung der Konturintegraldarstellung von $f(X)$ nicht die Approximation der Kennlinie im Vordergrund, sondern die Ableitung geeigneter Integrationsverfahren für die Berechnung der Momenten funktionen. Natürlich lassen sich effektive Rechenerleichterungen immer nur für Spezialfälle ableiten, vo- denen die nichtlineare Transformation der Summe an Schmalbandsignal und Rauschen us

$$= f(X(t)] = f[A(t) \cdot \cos(\omega_0 + \varphi(t)) + X_0(t)] \tag{3.169}$$

am ausführlichsten behandelt wurde (s. z. B. [20], [21], [35]). Hier sind $A(t)$ und $\varphi(t)$ langsam veränderliche Zufallsprozesse und $X_0(t)$ — ein von $A(t)$ und $\varphi(t)$ unabhängiger Rauschprozeß, der in der Regel normalverteilt angenommen wird. Dieser Fall ist für viele Anwendungsgebiete, wie z. B. die Nachrichtentechnik, typisch. Der stochastische Eingangsprozeß besteht dabei aus dem eigentlichen Signal $S(t)$

$$S(t) = A(t) \cdot \cos\left(\omega_0 t + \varphi(t)\right),$$

das in Störrauschen $X_0(t)$ eingebettet ist. Das nachrichtentechnische Signal $S(t)$ wird durch die hochfrequente Sinusschwingung repräsentiert, der die zu übertragende (für den Empfänger subjektiv zufällige) Information durch Amplituden- oder Winkelmodulation aufgeprägt wurde. Dementsprechend sind $A(t)$ und $\varphi(t)$ im Vergleich zu $\cos \omega_0 t$ langsam veränderlich. Bei $\varphi(t) = \varphi_0 = \text{const}$ haben wir es mit reiner Amplitudenmodulation, bei $A(t) = A_0 = \text{const}$ mit reiner Winkelmodulation zu tun.

Engt man diesen Fall durch zusätzliche Annahmen über den Charakter der Zufallsprozesse $A(t)$, $\varphi(t)$ und $X_0(t)$ und der Nichtlinearität $f(x)$ weiter ein, so kann eine Vielzahl praktisch bedeutsamer nichtlinearer Transformationen der Nachrichtentechnik, wie Modulation, Demodulation, Frequenzumsetzung u. a., diskutiert werden. Für unsere Zwecke muß ein grober Überblick über die wichtigsten Integrationsverfahren genügen, wobei wir uns, wie allgemein üblich, auf die Momentenfunktion zweiter Ordnung beschränken wollen, da die Modifikationen für Momente höherer Ordnung auf der Hand liegen, aber sehr rechenaufwendig sind.

Bevor wir die nichtlineare Transformation (3.169) der Summe zweier unabhängiger Rauschprozesse näher betrachten, soll kurz auf ein häufig verwendetes Integrationsverfahren eingegangen werden, das dem Wesen nach mit der in Abschnitt 3.1. erläuterten Mittelungsmethode übereinstimmt.

Nehmen wir beispielsweise an, daß die Momentenfunktion zweiter Ordnung des Prozesses $Y = f(X)$ unter Verwendung der Konturintegraldarstellung (3.151) berechnet wird (s. (3.153))

$$\langle Y_1 \cdot Y_2 \rangle = \frac{1}{(2\pi j)^2} \int_C \mathrm{d}p_1 \int_C \mathrm{d}p_2 \cdot F(p_1) \cdot F(p_2) \cdot h_{2,x}(p_1, p_2, t_1, t_2)$$

$F(p)$ sei der Einfachheit halber die einseitige LAPLACE-Transformation von $f(x)$ $\big(f(x) = 0$ für $x < d\big)$.

Die Doppelintegration kann hier wie in 3.1. nach entsprechender Aufspaltung der charakteristischen Funktion in die Form

$$h_{2,x}(p_1, p_2, t_1, t_2) = h_{1,x}(p_1, t_1) \cdot h_{1,x}(p_2, t_2)$$
$$\times \sum_{\nu=0}^{\infty} \sum_{\mu=0}^{\infty} \frac{1}{\nu!\, \mu!} \left. \frac{\partial^{\nu+\mu} h_{T,2,x}(p_1, p_2, t_1, t_2)}{\partial p_1{}^{\nu} \partial p_2{}^{\mu}} \right|_{p_1=p_2=0} \cdot p_1{}^{\nu} \cdot p_2{}^{\mu}$$

(s. (3.7) und (3.12)) in die Produktsumme von Einfachintegralen überführt werden

$$\langle Y_1 \cdot Y_2 \rangle = \frac{1}{(2\pi j)^2} \sum_{\mu=0}^{\infty} \sum_{\mu=0}^{\infty} \beta_{x,\nu+\mu}(\underbrace{t_1, \ldots, t_1}_{\nu\text{-mal}}, \underbrace{t_2, \ldots, t_2}_{\mu\text{-mal}})$$
$$\times \int_C \mathrm{d}p_1 \cdot p_1{}^{\nu} \cdot F(p_1) \cdot h_{1,x}(p_1, t_1) \int_C \mathrm{d}p_2 \cdot p_2{}^{\mu} \cdot F(p_2) \cdot h_{1,x}(p_2, t_2), \tag{3.170}$$

in der die durch (3.16) definierten Kopplungsfunktionen als Zerlegungskoeffizienten auftauchen.

Die Integrale in (3.170) sind mit den Mittelwerten der entsprechenden Kennlinienableitung identisch

$$\int_C \mathrm{d}p \cdot p^{\nu} \cdot F(p) \cdot h_{1,x}(p, t) = \left\langle \frac{\partial^{\nu} f(X)}{\partial X^{\nu}} \right\rangle, \tag{3.171}$$

wie sich leicht nach Substitution von $h_{1,x}(p, t) = \int_{-\infty}^{\infty} \mathrm{d}x \cdot p_1(x; t) \cdot e^{p \cdot x}$ und partieller Integration erkennen läßt. Damit ist Formel (3.170) nur eine andere Schreibweise des Ausdruckes (3.14), bei der lediglich die Berechnung der gemittelten Kennlinienableitungen unter Heranziehung der Konturintegraldarstellung der Nichtlinearität erfolgt.

Die gleiche Bemerkung gilt natürlich auch für Momentenfunktionen höherer Ordnung, bei denen die Übereinstimmung zwischen beiden Verfahren durch Substitution von (3.171) in (3.15) sofort hergestellt werden kann:

$$\langle Y_1 \cdot Y_2 \times \cdots \times Y_s \rangle = \sum_{k_1=0}^{\infty} \cdots \sum_{k_s=0}^{\infty} \frac{1}{k_1! \times \cdots \times k_s!}$$
$$\times \beta_{x,k_1+\cdots+k_s}(\underbrace{t_1, \ldots, t_1}_{k_1}, \ldots, \underbrace{t_s, \ldots, t_s}_{k_s})$$
$$\times \prod_{r=1}^{s} \int_C \mathrm{d}p_r \cdot p_r^{k_r} \cdot F(p_r) \cdot h_{1,x}(p_r, t_r). \qquad (3.172)$$

3.4.2.1. Nichtlineare Transformation eines Schmalbandrauschprozesses

Betrachtet wird die Einwirkung des stochastischen Schmalbandrauschprozesses $X(t) = A(t) \cos\left(\omega_0 t + \varphi(t)\right)$ auf die trägheitslose Nichtlinearität $y = f(x)$. Die Konturintegraldarstellung der Nichtlinearität entspricht (3.151). $A(t)$ und $\varphi(t)$ sind langsame Zufallsfunktionen.

Bei der Beaufschlagung von trägheitslosen Nichtlinearitäten mit Schmalbandrauschprozessen läßt sich der Ausgangsprozeß in Anlehnung an die gewöhnliche Fourier-Reihenentwicklung als Summe von schnell oszillierenden Gliedern mit langsam veränderlicher Amplitude und Phase darstellen, was natürlich auch in den Momentenfunktionen zum Ausdruck kommt.

Ausgangspunkt für die Berechnung der Momentenfunktion ist folgende Integralschreibweise des Ausgangsprozesses

$$Y(t) = \frac{1}{2\pi j} \int_C \mathrm{d}p\, F(p) \cdot \mathrm{e}^{p \cdot A_t \cdot \cos(\omega_0 t + \varphi_t)}, \qquad (3.173)$$

die unter Beachtung des Schmalbandcharakters des Eingangsprozesses zweckmäßigerweise nach der sich schnell ändernden Phase $\omega_0 t$ zerlegt wird

$$Y(t) = \frac{1}{2\pi j} \sum_{k=0}^{\infty} \varepsilon_k \cdot \cos k(\omega_0 t + \varphi_t) \cdot \int_C \mathrm{d}p \cdot F(p) \cdot I_k(p \cdot A_t), \tag{3.174}$$

$A_t = A(t)$; $\varphi_t = \varphi(t)$. ε_k ist das NEUMANN-Symbol ($\varepsilon_0 = 1$; $\varepsilon_k = 2$ für $k \neq 0$). Die Zerlegung basiert auf der bekannten Beziehung

$$e^{p \cdot \cos\beta} = \sum_{k=0}^{\infty} \varepsilon_k \cdot I_k(p) \cdot \cos k\beta;$$

$I_k(p)$ — modifizierte BESSEL-Funktion (3.175)

und kann als FOURIER-Zerlegung des stochastischen Ausgangsprozesses aufgefaßt werden. Der Schmalbandrauschprozeß $A(t) \cos\big(\omega_0 t + \varphi(t)\big)$ erzeugt dabei durch die nichtlineare Umformung ein ganzes Spektrum neuer Schmalbandprozesse mit den Amplituden $B_k(t)$

$$B_k(t) = \frac{\varepsilon_k}{2\pi j} \int_C \mathrm{d}p \cdot F(p) \cdot I_k\big(p \cdot A(t)\big) \tag{3.176}$$

und Phasen $\varphi_k(t)$

$$\varphi_k(t) = k \cdot \varphi(t). \tag{3.177}$$

Die Auffassung des Ausgangsprozesses als Superposition von neuen Schmalbandprozessen ist selbstverständlich nur dann gerechtfertigt, wenn die Änderungsgeschwindigkeit von $B_k(t)$ klein gegenüber $k\omega_0$ ist. Die Langsamkeit der Phasenänderung $\dot{\varphi}_k \ll k\omega_0$ wird dabei durch die Schmalbandigkeit des Eingangsprozesses $\dot{\varphi} \ll \omega_0$ automatisch gewährleistet.

Für die weiteren Rechnungen soll wie in Abschnitt 3.3.3. vorausgesetzt werden, daß die Phase des Signals in zwei Anteile aufgespalten werden kann

$$\varphi(t) = \varphi_0 + \Phi(t), \tag{3.178}$$

wobei φ_0 als Anfangsphase unabhängig von den anderen Signalparametern ist und als gleichverteilte Zufallsgröße angenommen werden kann. Signal und Rauschen werden dabei gemäß den Bemerkungen in Abschnitt 3.3.3. als stationäre Zufallsprozesse angesehen.

Unter diesen Annahmen gilt

$$\langle Y(t)\rangle = \frac{1}{2\pi j} \sum_{k=0}^{\infty} \varepsilon_k \cdot \langle \cos k(\omega_0 t + \varphi_0 + \Phi_t) \times \int_C \mathrm{d}p \cdot F(p) \cdot I_k(p \cdot A_t)\rangle$$

und wegen der Unabhängigkeit und Gleichverteiltheit von φ_0

$$\langle Y(t)\rangle = \frac{1}{2\pi j} \int \mathrm{d}p \cdot F(p) \langle I_0(p \cdot A_t)\rangle. \tag{3.179}$$

Für die Momentenfunktion zweiter Ordnung läßt sich schreiben

$$\langle Y_1 \cdot Y_2\rangle = \frac{1}{(2\pi j)^2} \sum_{k=0}^{\infty} \sum_{l=0}^{\infty} \varepsilon_k \cdot \varepsilon_l \cdot \langle \cos k(\omega_0 t_1 + \varphi_0 + \Phi_1) \times \cos l(\omega_0 t_2 + \varphi_0 + \Phi_2) \cdot \int_C \mathrm{d}p_1 \int_C \mathrm{d}p_2\, F(p_1) \times F(p_2) \cdot I_k(p_1 \cdot A_1) \cdot I_l(p_2 \cdot A_2)\rangle. \tag{3.180}$$

Die Mittelung kann zuerst über φ_0 bei fixierten Φ_1, Φ_2, A_1, A_2 und danach über die Parameter Φ_1, Φ_2, A_1 und A_2 erfolgen. Da aber

$$\langle \cos k(\omega_0 t_1 + \varphi_0 + \Phi_1) \cdot \cos l(\omega_0 t_2 + \varphi_0 + \Phi_2)\rangle = \frac{\delta_{k,l}}{\varepsilon_k} \times \cos k[\omega_0(t_2 - t_1) + \Phi_2 - \Phi_1] \tag{3.181}$$

vereinfacht sich der Ausdruck für die Momentenfunktion

$$\langle Y_1 \cdot Y_2 \rangle = \frac{1}{(2\pi j)^2} \sum_{k=0}^{\infty} \varepsilon_k \langle \cos k[\omega_0(t_2 - t_1) + \Phi_2 - \Phi_1] \times \int_C \mathrm{d}p_1 \int_C \mathrm{d}p_2 \cdot F(p_1) \cdot F(p_2) \cdot I_k(p_1 \cdot A_1) \cdot I_k(p_2 \cdot A_2) \rangle . \tag{3.182}$$

Bei zeitsynchroner Messung (abhängiges φ_0) läßt sich die Doppelsumme in (3.180) nicht vermeiden. Allerdings sind in der nachrichten- und regelungstechnischen Praxis beträchtliche Vereinfachungen infolge der Schmalbandigkeit der nachgeschalteten Filter gerechtfertigt, durch die jeweils nur eine Komponente des Ausgangsprozesses nahezu unverzerrt ausselektiert, die anderen aber weitgehend unterdrückt werden. Die interessierenden Komponenten sind in der Regel die mit den Indizies $k = 0$ (Demodulation) oder $k = 1$ (Modulation). Ihre Momentenfunktionen sind (bei gleichverteiltem φ_0)

$$\langle Y_1 \cdot Y_2|_k \rangle = \langle B_k(t_1) \cdot B_k(t_2) \cdot \cos k[\omega_0(t_2 - t_1) + \Phi_2 - \Phi_1] \rangle .$$

3.4.2.2. Nichtlineare Transformation zweier unabhängiger Rauschprozesse

Wenn auf den nichtlinearen Vierpol die Summe zweier statistisch unabhängiger Rauschprozesse einwirkt

$$Y = f[S(t) + X_0(t)], \tag{3.183}$$

dann zerfallen die bei der Bildung der Momentenfunktionen auftretenden charakteristischen Funktionen der Summe $S + X_0$ in das Produkt der charakteristischen Funktionen von S und X_0 (s. Kap. 3 in [12]). Zum Beispiel gilt für den Mittelwert

$$\langle Y(t) \rangle = \frac{1}{2\pi j} \int_C \mathrm{d}p \cdot F(p) \cdot \langle \mathrm{e}^{p(s_t + X_0)} \rangle = \frac{1}{2\pi j} \int_C \mathrm{d}p \, F(p) \times h_{1,s}(p, t) \cdot h_{1,x_0}(p, t), \tag{3.184}$$

da $h_{1,s+x_0}(p, t) = h_{1,s}(p, t) \cdot h_{1,x_0}(p, t)$.

Genauso tritt in der Momentenfunktion zweiter Ordnung das Produkt der charakteristischen Funktionen zweiter Ordnung auf

$$\langle Y_1 \cdot Y_2 \rangle = \frac{1}{(2\pi j)^2} \int\limits_C \mathrm{d}p_1 \cdot F(p_1) \int\limits_C \mathrm{d}p_2 \cdot F(p_2)$$

$$\times h_{2,s}(p_1, p_2, t_1, t_2) \cdot h_{2,x_0}(p_1, p_2, t_1, t_2). \qquad (3.185)$$

Häufig ist es für die weitere Entkopplung der Integrationsschritte günstig, die mehrdimensionalen charakteristischen Funktionen zu zerlegen, z. B. in Reihen der Art 3.1. Dann wird

$$\langle Y_1 \cdot Y_2 \rangle = \sum_{\nu=0}^{\infty} \sum_{\mu=0}^{\infty} \frac{1}{\nu!\,\beta!} \beta_{x_0,\nu+\mu}(\underbrace{t_1, \ldots, t_1}_{\nu}, \underbrace{t_2, \ldots, t_2}_{\mu}) \cdot \frac{1}{(2\pi j)^2}$$

$$\times \int\limits_C \mathrm{d}p_1 \cdot p_1^{\nu} \cdot F(p_1) \cdot h_{1,x_0}(p_1, t_1) \cdot \int\limits_C \mathrm{d}p_2 \cdot p_2^{\mu} \cdot F(p_2)$$

$$\times h_{1,x_0}(p_2, t_2) \cdot h_{2,s}(p_1, p_2, t_1, t_2). \qquad (3.186)$$

Hier ist die Reihenentwicklung der charakteristischen Funktion von X_0 verwendet worden. Eine volle Aufspaltung der Doppelintegration in zwei Einfachintegrale erreicht man durch analoge Zerlegung von $h_{2,s}(p_1, p_2, t_1, t_2)$. Allerdings ist es in den wichtigsten Anwendungsfällen vorteilhafter, die Kenntnisse der spezifischen statistischen Eigenschaften von $S(t)$ und $X_0(t)$ besser als durch einfache Taylor-Zerlegung auszunutzen. So sind insbesondere in den zwei wichtigsten Spezialfällen — $S(t)$ stellt einen Schmalbandprozeß und $X_0(t)$ — Gausssches Rauschen dar bzw. $S(t)$ und $X_0(t)$ sind beide Schmalbandrauschprozesse — Fourier-Zerlegungen angebrachter.

Betrachten wir zuerst den Fall, daß am Eingang des nichtlinearen Vierpols ein durch additives Gausssches

Rauschen $X_0(t)$ überlagerter Schmalbandprozeß $S(t) = A(t) \cdot \cos(\omega_0 t + \varphi(t))$ anliegt. Diese Situation ist besonders für Demodulationsprobleme typisch, bei der die nichtlineare Umformung so gestaltet sein soll, daß der Ausgangsprozeß (oder abfilterbare Komponenten davon) dem in $A(t)$ oder $\varphi(t)$ enthaltenen, informationstragenden Parameter möglichst nahekommt.

Der Vierpolausgangsprozeß

$$Y(t) = \frac{1}{2\pi j} \int_C \mathrm{d}p \cdot F(p) \cdot \mathrm{e}^{pX_{0,t} + pA_t \cdot \cos(\omega_0 t + \varphi_t)} \qquad (3.187)$$

kann wieder wie in 3.4.2.1. zerlegt werden

$$Y(t) = \sum_{k=0}^{\infty} \varepsilon_k \cdot \cos k(\omega_0 t + \varphi_t) \cdot \frac{1}{2\pi j} \times \int_C \mathrm{d}p \cdot F(p) I_k(p \cdot A_t) \cdot \mathrm{e}^{p \cdot X_{0,t}}. \qquad (3.188)$$

Infolge der Unabhängigkeit des Prozesses $X_{0,t}$ von A_t und φ_t ergibt sich bei Mittelwertbildung

$$\langle Y(t) \rangle = \sum_{k=0}^{\infty} \varepsilon_k \cdot \left\langle \cos k(\omega_0 t + \varphi_t) \cdot \frac{1}{2\pi j} \times \int_C \mathrm{d}p \cdot F(p) \cdot I_k(p \cdot A_t) \right\rangle \cdot h_{1,x_0}(p, t).$$

Führt man noch die Mittelung über die gleichverteilte Anfangsphase durch, dann bleibt nur das Glied mit $k = 0$ zurück

$$\langle Y(t) \rangle = \frac{1}{2\pi j} \int_C \mathrm{d}p \cdot F(p) \cdot \langle I_0(p \cdot A_t) \rangle \cdot h_{1,x_0}(p, t). \qquad (3.189)$$

Die Momentenfunktion zweiter Ordnung ist

$$\langle Y_1 \cdot Y_2 \rangle = \sum_{k=0}^{\infty} \sum_{l=0}^{\infty} \varepsilon_k \cdot \varepsilon_l$$

$$\times \Big\langle \cos k(\omega_0 t_1 + \varphi_1) \cdot \cos l(\omega_0 t_2 + \varphi_2) \cdot \frac{1}{(2\pi j)^2}$$

$$\times \int_C \mathrm{d}p_1 \cdot F(p_1) \cdot \int_C \mathrm{d}p_2 \cdot F(p_2) \cdot I_k(p_1 \cdot A_1) \cdot I_l(p_2 \cdot A_2) \Big\rangle$$

$$\times h_{2,x_0}(p_1, p_2, t_1, t_2). \tag{3.190}$$

Das Doppelintegral geht nach Zerlegung der charakteristischen Funktion des Gauss-Prozesses $X_0(t)$ in ein Produkt von Einfachintegralen über

$$\langle Y_1 \cdot Y_2 \rangle = \sum_{k=0}^{\infty} \sum_{l=0}^{\infty} \varepsilon_k \cdot \varepsilon_l$$

$$\times \Big\langle \cos k(\omega_0 t_1 + \varphi_1) \cdot \cos l(\omega_0 t_2 + \varphi_2) \sum_{\nu=0}^{\infty} \frac{k_{2,x_0}^{\nu}(t_1, t_2)}{\nu!}$$

$$\times H_{\nu,k}(t_1) \cdot H_{\nu,l}(t_2) \Big\rangle, \tag{3.191}$$

wobei

$$H_{\nu,k}(t) = \frac{1}{(2\pi j)} \int_C \mathrm{d}p \cdot p^{\nu} \cdot I_k(p \cdot A_t) \cdot h_{1,x_0}(p, t) \cdot F(p). \tag{3.192}$$

$k_{2,x_0}(t_1, t_2)$ ist die Korrelationsfunktion des Gauss-Prozesses. Die Zerlegungskoeffizienten der charakteristischen Funktion wurden hier nach (3.23) mit Hilfe der k_{2,x_0} ausgedrückt. Sofern der Mittelwert von X_0 gleich Null ist, wird natürlich $h_{1,x_0}(p, t) = \mathrm{e}^{p^2 \cdot \sigma_t^2}$.

Beträchtliche Vereinfachungen ergeben sich, wenn wieder der Anfangsphasenanteil φ_0 beachtet wird

($\varphi_t = \varphi_0 + \Phi_t$), da dann nach (3.191—192) und (3.161)

$$\langle Y_1 \cdot Y_2 \rangle = \sum_{\nu=0}^{\infty} \frac{k^{\nu}_{2,x_0}(t_1, t_2)}{\nu!} \sum_{k=0}^{\infty} \varepsilon_k$$

$$\times \langle \cos k[\omega_0(t_2 - t_1) + \Phi_2 - \Phi_1] \cdot H_{\nu,k}(t_1) \cdot H_{\nu,k}(t_2) \rangle . \tag{3.193}$$

Die Dreifachsumme konnte hier auf eine Doppelsumme reduziert werden. Trotzdem ist dieser Ausdruck immer noch recht kompliziert, da hier alle FOURIER-Komponenten des Ausgangsprozesses berücksichtigt werden.

Um aus dem Ausgangsprozeß bestimmte FOURIER-Komponenten ausselektieren zu können, müssen genauere Kenntnisse über den Prozeß $X_0(t)$ vorliegen. Betrachten wir beispielsweise das Problem der Amplitudendemodulation, bei dem durch die nichtlineare Transformation und nachfolgende lineare Filterung diejenige Komponente des Ausgangsprozesses ausgesondert werden soll, die die Information über die Signalamplitude enthält, aber frei von Phaseninformation ist, also in (3.188) die Komponente $k = 0$.

Damit durch einfache lineare Filterung überhaupt eine bestimmte Komponente ausgesondert werden kann, muß $X_0(t)$ ebenfalls ein Schmalbandrauschprozeß sein. Damit kommen wir zu der praktisch außerordentlich wichtigen Situation, bei der zwei Schmalbandprozesse auf einen nichtlinearen Vierpol einwirken. Diese Problemstellung entspricht den Gegebenheiten der Nachrichtentechnik, wo die der nichtlinearen Transformation vorausgehende lineare Hochfrequenzfilterung (Vor- und Zwischenfrequenzverstärkung in Empfängern usw.) die Eingangsprozesse in Schmalbandprozesse umgewandelt, sofern sie nicht schon als solche erzeugt wurden.

Betrachtet wird also die nichtlineare Umwandlung der Summe zweier statistisch unabhängiger Schmalbandrauschprozesse

$$Y(t) = f\big[A(t) \cdot \cos\big(\omega_0 t + \varphi(t)\big) + B(t) \cdot \cos\big(\omega_1 t + \Psi(t)\big)\big]. \tag{3.194}$$

$A(t)$, $B(t)$, $\varphi(t)$ und $\Psi(t)$ sind im Vergleich zu $\cos \omega_0 t$ bzw. $\cos \omega_1 t$ langsam veränderlich.

Bei der vorliegenden Transformation können zwei Fälle unterschieden werden: $\omega_0 \approx \omega_1$ und $\omega_0 \neq \omega_1$.

Wenn die Trägerfrequenzen ω_0 und ω_1 annähernd übereinstimmen, dann kann man $\omega_0 = \omega_1$ setzen und den langsamen Prozeß $(\omega_1 - \omega_0) \cdot t$ der Phase $\Psi(t)$ zuschlagen. Selbstverständlich darf dann der Summenprozeß $A(t) \times \cos(\omega_0 t + \varphi_t) + B(t) \cdot \cos\left(\omega_0 t + \Psi_t + (\omega_1 - \omega_0)\, t\right)$ als neuer Schmalbandprozeß $C(t) \cos\left(\omega_0 t + \Phi(t)\right)$ aufgefaßt werden, der nach 4.2.1. behandelt werden kann. Dabei läßt sich allerdings die statistische Unabhängigkeit der beiden Ursprungsprozesse bei weitem nicht so vorteilhaft ausnutzen, wie für die nicht zusammengefaßten Prozesse.

Wir beginnen deshalb mit dem Fall $\omega_0 \neq \omega_1$, wobei angenommen werden kann, daß der Betrag der Änderungsgeschwindigkeiten von $A(t)$, $B(t)$, $\varphi(t)$ und $\Psi(t)$ wesentlich kleiner als $|\omega_0 - \omega_1|$ ist. Im anderen Falle kann man, wie schon erwähnt, ω_0 und ω_1 exakt gleichsetzen.

Die Ableitung der Momentenfunktionen des Ausgangsprozesses stützt sich wie auch in den vorhergehenden Fällen wieder auf die entsprechende Darstellung des Ausgangsprozesses

$$Y(t) = \frac{1}{2\pi j} \int_C \mathrm{d}p \cdot F(p) \cdot e^{p[A_t \cdot \cos(\omega_0 t + \varphi_t) + B_t \cdot \cos(\omega_1 t + \Psi_t)]},$$

die hier sowohl nach $\omega_0 t$ als auch nach $\omega_1 t$ in Fourier-Reihen zerlegt wird

$$Y(t) = \sum_{k_1=0}^{\infty} \sum_{k_2=0}^{\infty} \varepsilon_{k_1} \cdot \varepsilon_{k_2} \cdot \cos k_1(\omega_0 t + \varphi_t) \cdot \cos k_2(\omega_1 t + \Psi_t) \times \frac{1}{2\pi j} \int_C \mathrm{d}p \cdot F(p) \cdot I_{k_1}(p \cdot A_t) \cdot I_{k_2}(p \cdot B_t). \quad (3.195)$$

Das Kosinusprodukt wird zweckmäßigerweise etwas umgeformt, so daß

$$Y(t) = \sum_{k_1=0}^{\infty} \sum_{k_2=0}^{\infty} \varepsilon_{k_1} \cdot \varepsilon_{k_2} \frac{1}{4\pi j} \int \mathrm{d}p \cdot F(p) \cdot I_{k_1}(p \cdot A_t) \cdot I_{k_2}(p \cdot B_t)$$
$$\times \big[\cos\left[(k_1\omega_0 - k_2\omega_1)\, t + k_1\varphi_t - k_2\Psi_t\right]$$
$$+ \cos\left[(k_1\omega_0 + k_2\omega_1)\, t + k_1\varphi_t + k_2\Psi_t\right]\big]. \quad (3.196)$$

Man sieht, daß der Ausgangsprozeß Komponenten aller möglichen Kombinationsfrequenzen enthält $\omega_{k,l} = k\omega_0 + l\omega$, die die Frequenzachse mit wachsendem k und l immer dichter belegen, sofern ω_0 und ω_1 inkommensurabel sind[1]). Die Aussonderung irgend einer Kombinationsfrequenz durch lineare Filterung ist damit genaugenommen unmöglich, da ein durch ein gegebenes Filter ausselektierter Frequenzbereich unendlich viele Kombinationsfrequenzen enthält. Zum Glück konvergieren die Fourier-Zerlegungen (3.195) in der Regel schnell genug, so daß die Kombinationsfrequenzen hoher Ordnung vernachlässigt werden können. Damit ist die Voraussetzung für die Abfilterung nur einer oder einer begrenzten Anzahl von Kombinationsfrequenzen gegeben.

Ein einfaches Beispiel möge als Erläuterung dienen: Betrachten wir das Frequenzschema für beträchtlich voneinander abweichende ω_0 und ω_1. Es sei z. B. $\omega_1 \approx 5\omega_0$. Uns interessiere die Differenzkomponente bei $\omega_1 - \omega_0 \approx 4\omega_0$. Der Frequenzbereich in der Nähe dieser Differenzfrequenz kann durch die Indexkombinationen $k_1 = 1$, $k_2 = 1$; $k_1 = 4$, $k_2 = 0$; $k_1 = 11$, $k_2 = 3$ usw. erreicht werden. Gewöhnlich ist die Komponente mit den kleinsten Indizies, hier also mit $k_1 = k_2 = 1$ um Größenordnungen intensiver als die mit wesentlich größeren

---

[1]) In Anbetracht des Zufallscharakters beider Schmalbandprozesse ist es natürlich nicht sinnvoll, den Begriff der Inkommensurabilität der beiden Frequenzen ω_0 und ω_1 zu verwenden, da durch eine geringe Änderung z. B. der Phase $\varphi(t)$ um den Betrag $\Delta\omega \cdot t$ sowohl ein rationales als auch irrationales Verhältnis beider Frequenzen hergestellt werden kann.

Indizies, wobei hier die Komponente mit $k_1 = 4$ und $k_2 = 0$ den zweitgrößten Beitrag liefert. Wenn jedoch beide Eingangsprozesse genügend schmalbandig sind und z. B. $\omega_1 \approx 5{,}1\,\omega_0$, dann stellt die Indexkombination mit $k_2 = 0$ überhaupt keine Gefahr mehr dar und es gilt in sehr guter Näherung für den Prozeß am Ausgang des nachgeschalteten Filters mit der Mittenfrequenz $\omega_M = \omega_1 - \omega_0$

$$Y(t) = \frac{1}{2\pi j} \int_C \mathrm{d}p\, F(p) \cdot I_1(p \cdot A_t) \cdot I_1(p \cdot B_t) \\ \times \cos\left[(\omega_1 - \omega_0)\, t + \Psi_t - \varphi_t\right].$$

Analog lassen sich Kombinationskomponenten mit anderen Indexpaaren abfiltern.

Uns interessiert hier der Fall ungleicher Frequenzen vorwiegend unter dem Aspekt des Überganges zu gleichfrequenten Schmalbandprozessen. Bei $\omega_0 = \omega_1$ läßt sich der Ausgangsprozeß nach (3.196) schreiben als

$$Y(t) = \sum_{s=0}^{\infty} \frac{\varepsilon_s}{2} \sum_{k=0}^{\infty} \varepsilon_k \Big[b_{k,|s-k|}(t) \cdot \cos\big(s\omega_0 t + k\varphi_t + (s-k)\Psi_t\big) \\ + b_{k,k+s}(t) \cdot \cos\big(s\omega_0 t - k\varphi_t + (k+s)\,\Psi_t\big)\Big], \tag{3.197}$$

wobei

$$b_{k,l}(t) = \frac{1}{2\pi j} \int_C \mathrm{d}p \cdot F(p) \cdot I_k(p \cdot A_t) \cdot I_l(p \cdot B_t).$$

Hier ist die Doppelsumme so umgeordnet worden, daß Beiträge gleicher Frequenzen zusammengefaßt als abfilterbare Komponenten erkennbar wurden.

Der Mittelwert des Ausgangsprozesses ist

$$\langle Y(t)\rangle = \sum_{k=0}^{\infty} \frac{\varepsilon_k}{2} \langle b_{k,k}(t) \cdot \cos k(\Phi_t - \theta_t)\rangle,$$

wenn angenommen wird, daß beide Eingangsprozesse den gleichen Anfangsphasenanteil aufweisen: $\varphi_t = \varphi_0 + \Phi_t$ und $\Psi_t = \varphi_0 + \theta_t$. Diese Situation entspricht einer determinierten Anfangsphasendifferenz beider Prozesse, die z. B. für konstante A, B, Φ und θ als bleibende definierte Phasendifferenz zwischen den beiden Schwingungen in Erscheinung tritt und Synchronismus zwischen ihnen bedeutet.

Häufig kann jedoch die Anfangsphasendifferenz als zweite unabhängige, gleichverteilte Größe aufgefaßt werden: $\varphi_t = \varphi_0 + \Phi_t$ und $\Psi_t = \Psi_0 + \theta_t$ (φ_0 und Ψ_0 sind unabhängig voneinander). Der Mittelwert des Ausgangsprozesses ist dann

$$\langle Y(t)\rangle = \langle b_{0,0}(t)\rangle. \tag{3.198}$$

Seine Momentenfunktion wird ebenfalls durch einen relativ einfachen Ausdruck gegeben:

$$\langle Y_1 \cdot Y_2\rangle = \sum_{k=0}^{\infty} \sum_{l=0}^{\infty} \varepsilon_k \cdot \varepsilon_l \, \langle b_{k,l}(t_1) \cdot b_{k,l}(t_2)\rangle$$
$$\times \cos k[\omega_0(t_2 - t_1) + \Phi_2 - \Phi_1] \cdot \cos l[\omega_0(t_2 - t_1) + \theta_2 - \theta_1]. \tag{3.199}$$

Für praktische Anwendungen ist noch der Fall, daß $X_0(t)$ einen stationären Gaussschen Schmalbandprozeß repräsentiert, besonders wichtig, da gerade bei Empfangsproblemen in der Nachrichtentechnik das dem Schmalbandsignal überlagerte Gausssche Eingangsrauschen durch die Eingangs- und Zwischenfrequenzverstärker im Empfänger ebenfalls in Schmalbandrauschen umgeformt wird. Das Signal besitze dabei eine gleichverteilte Anfangsphase.

Der Schmalbandcharakter des Rauschens wird zweckmäßig ausgenutzt, wenn man bei der Ableitung der Momentenfunktion von (3.193) ausgeht. Formel (3.193) gilt für beliebiges Gausssches Rauschen, kann aber einfach umgewandelt werden, wenn beachtet wird, daß die

Korrelationsfunktion $k_{2,x_0}(t_1, t_2)$ periodisch und nach (2.83) gleich

$$k_{2,x_0}(t_1, t_2) = \varrho(\tau) \cdot \cos \omega_0\tau - s(\tau) \cdot \sin \omega_0\tau = k_0(\tau) \times \cos [\omega_0\tau + \beta(\tau)] \tag{3.200}$$

wird, wobei

$$\tau = t_2 - t_1; \quad k_0(\tau) = \sqrt{\varrho^2(\tau) + s^2(\tau)}; \quad \beta(\tau) = -\mathrm{arctg} \frac{s(\tau)}{\varrho(\tau)}.$$

Substituiert man wie im Abschnitt 3.3.3.3. k_{2,x_0} in (3.193), drückt die ν-te Potenz der Kosinusfunktion gemäß $\cos^\nu \alpha = 2^{-\nu} \sum_{s=0}^{\frac{\nu}{2};\frac{\nu-1}{2}} \varepsilon_{\nu-2s} \cdot \binom{\nu}{s} \cdot \cos (\nu - 2s) \alpha$ durch die Kosinuse der vielfachen Winkel aus und ordnet die Summe nach gleichen Frequenzen, so wird

$$\begin{aligned}\langle Y_1 \cdot Y_2 \rangle = \sum_{k=0}^{\infty} \Big\langle \sum_{l=0}^{\infty} \big[& \varepsilon_l \cdot c_{|k-l|,l}(\tau) \\ & \times \cos [k\omega_0\tau + l\Phi_\tau - l\Phi_0 + |k - l| \, \beta(\tau)] \\ & + (1 - \delta_{0,k}) \cdot \varepsilon_l \cdot c_{k+l,l}(\tau) \\ & \times \cos [k\omega_0\tau - l\Phi_\tau + l\Phi_0 + (k + l) \, \beta(\tau)]\big] \Big\rangle.\end{aligned} \tag{3.201}$$

Dabei ist

$$c_{s,l}(\tau) = \sum_{\nu=0}^{\infty} \frac{[k_0(\tau)]^{2\nu+s}}{\nu!(\nu + s)! \, 2^{2\nu+s}} \cdot H_{2\nu+s,l}(\tau) \cdot H_{2\nu+s,l}(0). \tag{3.202}$$

Hier wurde ein stationäres Signal vorausgesetzt und dementsprechend die Stationarität des Ausgangssignals durch die Substitution $t_2 = \tau$ und $t_1 = 0$ ausgenutzt.

Literaturverzeichnis

[1] ANGOT, ANDRÉ, Compléments de Mathématiques, Paris 1957. Анго, Андре, Математика для Электро- и Радиоинженеров Изд-во Наука, Москва 1967.
[2] BOGOLJUBOW, N. N., und MITROPOLSKI, J. A., Asymptotische Methoden in der Theorie der nichtlinearen Schwingungen, Akad. Verlag, Berlin 1965.
[3] BOOTON, R. C., Nonlinear control systems with random signals, Trans. IRE on CT, No. 1, 1954.
[4] BOOTON, R. C., The measurement and representation of nonlinear systems, Trans. IRE on CT, No. 4, 1954.
[5] CESARI, L., Asymptotic Behavior and Stability Problems in Ordinary Differential Equations, Springer-Verlag, Berlin—Göttingen—Heidelberg, 1959.
[6] Еругин, Н. П., Линейные системы обыкновенных дифференциальных уравнений, Изд-во АН БССР, Минск 1963.
[7] FRÉCHET, M., Sur les fonctiounelles continues, Ann. de l'Ecole Normale sup. 3rd ser., 27 (1910).
[8] Казаков, И. Е., К вопросу об исследовании рассеивания нелинейных систем, Сборник научных трудов ВВИА им. Жуковского, 1954.
[9] Казаков, И. Е., Приближенный метод статистического исследования нелинейных систем, Труды ВВИА им. Жуковского, вып. 394, 1954.
[10] Казаков И. Е., Приближенный вероятностный аналз точности работы существенно нелинейных автоматических систем, Автоматика и Телемеханика, т. **XVII**, № 5 (1956).
[11] KEMPE, V., Stochastische Polynome zur Behandlung nichtlinearer Systeme, Nachrichtentechnik, Bd. **20** (1970), H. 11.
[12] KEMPE, V., Theorie stochastischer Systeme, Akad. Verlag Berlin, Reihe WTB, 1974.
[13] KHOKHLOV, R. V., A Method of Analysis in the Theory of Sinusoidal Self-Oscillations, IRE Trans. on CT, Dec. 1960.
[14] Колмогоров, А. Н., и Фомин, С. В., Элементы теории функции и функционального анализа, Изд-во Наука, Москва 1968.
[15] Крылов, Н. П., и Боголюбов, Н. Н., Введение в нелинейную механику, Изд-во АН СССР, 1937.

[16] Кузнецов, П. И., и Стратонович Р. Л., Тихонов В. И.: Прохождение некоторых случайных функций через линейные системы, Автоматика и Телемеханика, т. **XIV**, № 2 (1953).

[17] Кузнецов, П. И., Стратонович Р. Д., и Тихонов В. И., Квазимоментные функции в теории случайных процессов, Теория вероятности и её применение, т. **5**, вып. I (1960).

[18] Ляпунов, А. М., Общая задача об устойчивоости движения, ОНТИ 1935.

[19] Малахов, А. Н., Флуктуации в автоколебательных системах, Изд-во Наука, Москва 1968.

[20] Middleton, D., An Introduction to Statistical Communication Theory, McGraw-Hill Book Company, Inc., New York, Toronto, London 1960.

[21] Middleton, D., Some General Results in the Theory of Noise through Nonlinear Devices, Quart. Appl. Math. **5**: 445 (1948).

[22] Митропольский, Ю. А., Метод усреднения в нелинейной механике, Изд-во Наукова Думка, Киев 1971.

[23] Моисеев, Н. Н., Асимптотические методы нелинейной механики, Изд-во Наука, Москва 1969.

[24] Poincaré, A., Les méthodes nouvelles de la mecanique céleste, Gauthier-Villars, Paris, Vol. I (1892); Vol. II (1893); Vol. III (1899).

[25] Понтрягин, Л. С., Обыкновенные дифференциальные уравнения Изд-во Наука, Москва 1965.

[26] Под. ред. Е. П. Попова, Нелинейные системы автоматического управления — метод гармонической линеаризации в проектировании нелинейных систем автоматического управления, Изд-во Машиностроения, Москва 1970.

[27] Porter, W. A., Modern Foundations of System Engineering, Maxmillan Company, New York; Collier-Macmillan Limited, London.

Портер, У., Современные основания общей теории систем, Изд-во Наука, Москва 1971.

[28] Ryshik, I. M., und Gradstein, I. S., Summen-, Produkt- und Integraltafeln, VEB Deutscher Verlag der Wissenschaften, Berlin 1963.

Градштейн, И. С., и Рыжик, И. М., Таблицы интегралов, сумм, рядов и произведений, Гос. Изд-во Физ.-Мат. литературы, Москва 1963.

[29] RICE, S. O., Mathematical Analysis of Random Noise, Bell System Techn. J., **24**, 46 (1945) pt. IV.

[30] SCHMELOVSKY, K.-H., KEMPE, V., und RIENÄCKER, J., Probleme der Berechnung nichtlinearer Vierpole, die mit stochastischen Signalen beaufschlagt werden, Nachrichtentechnik, Bd. **20** (1970), Teil I in H. 2; Teil II in H. 3.

[31] SHUTTERLY, H. B., General results in the Mathematical Theory of random signals and noise in nonlinear devices, IEEE Trans. on Inform. Theory, 1963, **IV**, v. IT-9, No. 2.

[32] SMETS, H. B., Analysis and synthesis of nonlinear systems, Transact. Inst. Radio Engrs. **CT-7** (1960)

[33] SOLODOWNIKOW, W. W., Einführung in die statistische Dynamik linearer Regelungssysteme, VEB Verlag Technik, Berlin

[34] SPRINGETT, J. C., und SIMON, M. K., An Analysis of the Phase-Coherent-Incoherent Output of the Bandpass Limiter, IEEE Trans. on Communication Technology, Vol. Com. **19**, No. 1 (1971).

[35] Стратонович Р. Л., Избранные вопросы теории Флюктуаций в радиотехнике, Изд-во Советское Радио, 1961.

[36] Ван дер Пол, Нелинейная теория электрических колебаний, Связьиздат 1935.

[37] VITERBI, A. J., Principles of Coherent Communication. McGraw Hill Company, New York

[38] VOLTERRA, V., Theory of Functionals and of Integral and Integro-Differential Equations, Blackie, London 1930, and Dover Publications, New York 1959.

[39] ZADEH, L. A., Frequency analysis of variable networks, Proc. IRE, March 1950, pp. 291—299.

[40] ZADEH, L. A., Time-Varying Networks, Proc. IRE, Oct. 1961, pp. 1488—1503.

[41] ZADEH, L. A., Initial conditions in linear varying-parameter systems, J. Appl. Phys., Vol. **22**, June 1951, pp. 782—786.

[42] ZADEH, L. A., und DESOER, C. A., Linear System Theory, McGraw Hill, New York 000.

Sachverzeichnis

Der Autor

- **untersucht die Einwirkung stochastischer Signale auf lineare und trägheitslose nichtlineare Systeme**

- **behandelt dabei insbesondere den Fall nichtgaußscher Eingangssignale**

- **systematisiert die Approximationsmethoden nichtlinearer Kennlinien bei stochastischen Eingangssignalen und stellt neue Methoden vor**

- **verfolgt damit das Ziel, Methoden der Analyse stochastischer Systeme dem interessierten Leserkreis in systematischer Form zugänglich zu machen**

WISSENSCHAFTLICHE TASCHENBÜCHER

FSC
www.fsc.org
MIX
Papier | Fördert gute Waldnutzung
FSC® C083411

Zeitfracht Medien GmbH
Ferdinand-Jühlke-Straße 7
99095 Erfurt, Deutschland
produktsicherheit@kolibri360.de